国家水产养殖
种质资源种类
名录（图文版）

◎ 下册 ◎

第一次全国水产养殖种质
资源普查工作办公室／编

中国农业出版社

北　京

图书在版编目（CIP）数据

国家水产养殖种质资源种类名录：图文版．下册/第一次全国水产养殖种质资源普查工作办公室编．—北京：中国农业出版社，2024.7
ISBN 978-7-109-31939-4

Ⅰ.①国… Ⅱ.①第… Ⅲ.①水产养殖-种质资源-中国-名录 Ⅳ.①S96-62

中国版本图书馆CIP数据核字（2024）第087387号

中国农业出版社出版
地址：北京市朝阳区麦子店街18号楼
邮编：100125
策划编辑：王金环 武旭峰
责任编辑：李雪琪 肖 邦 王金环
版式设计：杨 婧 责任校对：吴丽婷 责任印制：王 宏
印刷：北京中科印刷有限公司
版次：2024年7月第1版
印次：2024年7月北京第1次印刷
发行：新华书店北京发行所
开本：889mm×1194mm 1/16
印张：30.75
字数：785千字
定价：298.00元

国家水产养殖种质资源种类名录（图文版）（下册）

编审委员会

国家水产养殖种质资源种类名录（图文版）（下册）

编写委员会

主　编　王建波　吴珊珊　赵　明　倪　蒙

副主编　李　赞　李　伟　刘　涛　史　博　徐永江　栾　生
　　　　张伟杰

编　委（按姓氏笔画排序）

丁雪燕	马秀玲	马凌波	王　玺	王秀英	王举昊
方增冰	叶洪丽	白志毅	邢芳柳	朱克诚	任　鹏
刘　朋	刘金金	刘彦超	闫　瑾	纪利芹	李　琴
李　赫	李晶晶	李慧敏	杨　涛	杨建敏	肖　珊
肖国强	吴郁丽	余进祥	张　弛	张　盛	张凤英
张春晓	张婉婷	陈江源	邵长伟	武艳丽	苟金明
林　鑫	罗　刚	岳　强	周　捷	郑天伦	郑圆圆
赵　峰	赵新红	姜志勇	徐晓丽	高祥刚	黄　洪
盖建军	彭瑞冰	董星宇	蒋　军	韩军军	储悫江
游　宇	游伟伟	谢　熙	谢潮添	阙华勇	戴银根

序言

我国水产养殖历史悠久，积累了丰富的养殖经验和成熟的养殖技术，自1989年起我国水产养殖产量已连续35年稳居世界第一。在长期的生产实践过程中，大量的水生生物资源被发现、驯化和培育成丰富多样的水产养殖种质资源，这些种质资源在我国水产养殖业快速发展且行稳致远中发挥了重要作用，是珍贵的基因宝库和中华民族的宝贵财富。

随着水产养殖业的发展，水产养殖种质资源的数量、分布及特征特性等也在不断变化和更新。全面摸清我国水产养殖种质资源的家底，客观描述种质资源的形成过程，科学分析种质资源的特征特性，对于加强水产养殖种质资源保护和管理，促进水产养殖业高质量发展，满足人类社会对水产品的需求，具有重大的战略意义。受条件所限，除在育种研究中进行过零星养殖种质资源调查收集，全国性、系统性普查一直没有很好地开展。为查清我国水产养殖种质资源状况，2021年，农业农村部启动了第一次全国水产养殖种质资源普查，经过三年的艰苦努力，克服了新冠肺炎疫情、严寒酷暑、风急浪高等多种不利因素影响，国家及各省（自治区、直辖市）渔业主管部门、技术推广机构、相关科研院校及有关专家7万多人，进行了全面拉网式的普查，足迹遍布全国2 700多个县的92万余家养殖主体，采集数据210万余条，第一次全面摸清了我国水产养殖种质资源家底，形成了海量的基础数据和资料，经多轮专家论证和反复修改编制完成《国家水产养殖种质资源种类名录（2023年版）》。在此基础上，第一次全国水产养殖种质资源普查工作办公室组织数百名专家，历时两年编撰完成了《国家水产养殖种质资源种类名录（图文版）》。

《国家水产养殖种质资源种类名录（图文版）》图文并茂地展示了我国水产养殖种质资源，详细描述了我国水产养殖种质资源的分类名称、特征特性、地位作用和开发利用等情况，是记录水产养殖业发展历程之作，是第一次全国水产养殖种质资源普查成果展示之作，也是水产养殖的科普宣传之作。本书的出版将为国家加强种质资源保护利用提供科学依据，为科学普及水产养殖知识提供有益参考，为水产养殖业的发展注入新动力。

《国家水产养殖种质资源种类名录（图文版）》凝结了国内水产知名专家学者、养殖业主和相关机构工作人员的大量心血和汗水。值此出版之际，向参与第一次全国水产养殖种质资源普查、《国家水产养殖种质资源种类名录（2023年版）》及其图文版编纂工作的全体同志致以最深的敬意和热烈祝贺。同时，诚挚希望社会各界继续关心和支持我国的水产养殖种质资源保护与利用工作。希望全国水产养殖从业者再接再厉、奋发进取，为推动我国渔业高质量发展做出新的更大的贡献。

第一次全国水产养殖种质资源普查工作办公室

2024年5月

编写说明

《国家水产养殖种质资源种类名录（图文版）》[以下简称《名录（图文版）》] 由第一次全国水产养殖种质资源普查工作办公室组织有关单位共同编制，编写资料来源于第一次全国水产养殖种质资源普查结果及文献等，资料收集截止时间为2021年12月31日。

《名录（图文版）》涵盖我国水产养殖种质资源857个，分为淡水鱼类、海水鱼类、虾蟹类、贝类、藻类、两栖爬行类、棘皮类、其他类等8个大类。所收录的淡水鱼类养殖种质资源均隶属于动物界、脊索动物门，包括硬骨鱼纲401个、圆口纲2个、软骨鱼纲1个；海水鱼类养殖种质资源均隶属于动物界、脊索动物门、硬骨鱼纲，共计124个；虾蟹类养殖种质资源均隶属于动物界、节肢动物门、软甲纲，包括十足目61个、口足目1个；贝类养殖种质资源均隶属于动物界、软体动物门，包括双壳纲106个、腹足纲24个、头足纲6个；藻类养殖种质资源包括原藻界、淡色藻门、褐藻纲17个，植物界、红藻门、红毛菜纲10个，植物界、红藻门、真红藻纲12个，植物界、绿藻门、绿藻纲1个，真细菌界、蓝藻门、蓝藻纲1个；两栖爬行类养殖种质资源均隶属于动物界、脊索动物门，包括爬行纲53个、两栖纲9个；棘皮类养殖种质资源均隶属于动物界、棘皮动物门，包括海参纲9个、海胆纲5个；其他类养殖种质资源是指不能归到上述7大类的种质资源，均隶属于动物界，包括刺胞动物门4个、环节动物门6个、星虫动物门2个、脊索动物门1个、节肢动物门1个。

《名录（图文版）》对每个种质资源的名称、分类地位、地位作用、养殖分布、养殖模式和开发利用情况进行了描述，并附种质资源照片。其中种质资源名称和排序与《国家水产养殖种质资源种类名录（2023年版）》一致。俗名来源于文献资料、编写专家、普查结果等。照片来源于编写专家、普查结果等。分类地位由各领域权威分类学家校正。地位作用中，将所有水产养殖种质资源根据产业现状和未来发展趋势分为品种、主养种、区域养殖种、主养种的近缘种、观赏/药用/饵料种、珍稀保护种、潜在养殖种等。品种指通过全国水产原种和良种审定委员会审定的品种，其中审定的30个引进种归到品种外的其他类别，剑尾鱼RP-B系归到观赏种；主养种指《2022中国渔业统计年鉴》收录，或养殖规模较大且养殖分布较广的种质资源；区域养殖种是指具有一定养殖规模但明显集中在1～2个片区的种质资源；主养种的近缘种是指主养种同属或同科的种质资源，已被用于或可用于主养种的品种创制等；观赏/药用/饵料种是指首要用途为观赏/药用/饵料用的种质资源；珍稀保护种是指列入《国家重点保护野生动物名录》或主要用途为保护性繁育的种质资源；潜在养殖种是指养殖规模不大、养殖潜力有待开发的种质资源。值得注意的是，水产养殖业是一个快速发展的产业，水产养殖种质资源的地位作用随着产业发展可能发生变化，本书中对种质资源的定位综合考虑了上述参考标准、专家意见、普查获得的养殖规模等信息，供读者参考。此外，对于列入《国家重点保护野生动物名录》的物种，如保护对象未区分是否为野外种群，则该种质资源的地位为保护种，作用为保护；对于保护对象"仅限野外种群"的种质资源，以及列入《濒危野生动植物种国际贸易公约》（CITES）附录的种质资源，其地位根据上述规则进行判定，并注明列入相关名录或附录，同时在其作用中增加"保护"。养殖分布中，不依赖于海水的水产养殖种质资源养殖区域包括华北、东北、华东、华中、华南、西南和西北7个片区，依赖于海水的水产养殖种质资源养殖区域包括黄渤海、东海和南海3个海域，养殖区域以各区域的养殖产量从高到低排序，排序的数据来源包括《2022中国渔业统计年鉴》和普查结果；养殖省份（因调查口径缘故，将新疆和新疆生产建设兵团分别列出）的排序原则，为《2022中国渔业统计年鉴》收录的种质资源按照各省份的养殖产量从高到低进行排序，未收录的种质资源按照行政区划进行排序。养殖模式主要描述该种质资源的养殖水体和养殖模式。其中养殖水体是指该种质资源从苗种养殖至上市所在的水体，非亲本培育或育苗水体，按照国际通用规则，根据水体盐度将养殖水体划分为淡水、半咸水、海水和卤水4种，养殖水体的排序按当下养殖业中的重要程度排序；养殖模式来源于编写专家、文献资料或普查结果。开发利用情况介绍了该种质资源的来源、人工苗种繁育和养殖关键技术是否解决、繁育主体数量等信息。对于人工苗种繁育和养殖关键技术是否解决，主要编写依据为文献资料和专家调研；品种的开发利用情况主要来源于品种申报材料以及农业农村部公告的品种简介；繁育主体数量来源于普查结果，无相关叙述的种质资源，为未普查到其繁育主体。

目 录

序言
编写说明

海水鱼类

虾 蟹 类

贝　类

藻　类

两栖爬行类

棘 皮 类

其 他 类

海水鱼类

国家水产养殖
种质资源种类
名录（图文版）

下 册

海水鱼类

405. 大黄鱼（*Larimichthys crocea*）

俗名 黄花鱼、黄瓜鱼、黄金龙、黄口、火口、大黄花等。

（叶坤 提供）

分类地位 动物界（Animalia）、脊索动物门（Chordata）、硬骨鱼纲（Osteichthyes）、鲈形目（Perciformes）、石首鱼科（Sciaenidae）、黄鱼属（*Larimichthys*）。

地位作用 大黄鱼是我国海水鱼类主养种，是我国养殖产量最大的海水鱼。主要用途为食用和药用（鱼鳔）。

养殖分布 大黄鱼主要在我国东海、南海等沿海地区养殖，包括福建、浙江、广东、山东、江苏等。

养殖模式 大黄鱼养殖水体为海水，主要养殖模式包括普通网箱养殖、深水网箱养殖、池塘养殖、养殖工船养殖等，主要为单养，也可与其他水产动物混养。

开发利用情况 大黄鱼为本土种，是我国开发的海水鱼养殖种，20世纪80~90年代解决了其人工苗种繁育技术。已有大黄鱼"闽优1号""东海1号""甬岱1号"等品种通过全国水产原种和良种审定委员会审定。2021年全国共普查到60个繁育主体开展该资源的活体保种和/或苗种生产。

406.大黄鱼"闽优1号"（*Larimichthys crocea*）

俗名 闽优1号、黄花鱼、黄瓜鱼、黄金龙、黄口、火口、大黄花等。

分类地位 动物界（Animalia）、脊索动物门（Chordata）、硬骨鱼纲（Osteichthyes）、鲈形目（Perciformes）、石首鱼科（Sciaenidae）、黄鱼属（*Larimichthys*）。

地位作用 大黄鱼"闽优1号"是我国培育的第1个大黄鱼品种，主选性状是生长速度、体形和成活率。与未经选育的普通养殖群体相比，生长速度提高23.9%，成活率提高13.7%。主要用途为食用和药用（鱼鳔）。

养殖分布 大黄鱼"闽优1号"主要在我国东海、黄海等沿海地区养殖，包括江苏、浙江、福建等。

养殖模式 大黄鱼"闽优1号"的养殖水体为人工可控的海水水域，主要养殖模式包括普通网箱养殖、深水网箱养殖、池塘养殖等，主要为单养，也可与其他水产动物混养。

开发利用情况 大黄鱼"闽优1号"为培育种，由集美大学和宁德市水产技术推广站联合培育，2010年通过全国水产原种和良种审定委员会审定。全国共普查到1个繁育主体开展该资源的活体保种和/或苗种生产。

407.大黄鱼"东海1号"（*Larimichthys crocea*）

俗名 东海1号、黄花鱼、黄瓜鱼、黄金龙、黄口、火口、大黄花等。

分类地位 动物界（Animalia）、脊索动物门（Chordata）、硬骨鱼纲（Osteichthyes）、鲈形目（Perciformes）、石首鱼科（Sciaenidae）、黄鱼属（*Larimichthys*）。

地位作用 大黄鱼"东海1号"是我国自主培育的大黄鱼品种，主选性状为生长速度和耐低温。在相同养殖条件下，19月龄平均体重、体长比普通苗种分别提高15.57%和6.06%；较耐低温，10月龄鱼在水温逐步降至6℃条件下存活率为49.5%，比普通苗种高22.5个百分点。主要用途为食用和药用（鱼鳔）。

养殖分布 大黄鱼"东海1号"主要在我国东海、南海等沿海地区养殖，包括浙江、广东等。

养殖模式 大黄鱼"东海1号"的养殖水体为人工可控的海水水域，主要养殖模式包括普通网箱养殖、深水网箱养殖、池塘养殖等，主要为单养，也可与其他水产动物混养。

开发利用情况 大黄鱼"东海1号"为培育种，由宁波大学和象山港湾水产苗种有限公司联合培育，2013年通过全国水产原种和良种审定委员会审定。全国共普查到1个繁育主体开展该资源的活体保种和/或苗种生产。

408. 大黄鱼"甬岱1号"（*Larimichthys crocea*）

俗名 甬岱1号、黄花鱼、黄瓜鱼、黄金龙、黄口、火口、大黄花等。

（沈伟良　提供）

分类地位 动物界（Animalia）、脊索动物门（Chordata）、硬骨鱼纲（Osteichthyes）、鲈形目（Perciformes）、石首鱼科（Sciaenidae）、黄鱼属（*Larimichthys*）。

地位作用 大黄鱼"甬岱1号"是我国自主培育的大黄鱼品种，主选性状为生长速度和体形。在相同养殖条件下，与未经选育的大黄鱼相比，21月龄生长速度平均提高16.4%；与普通养殖大黄鱼相比，体高/体长、全长/尾柄长和尾柄长/尾柄高等体形参数存在显著差异，体形匀称细长。主要用途为食用和药用（鱼鳔）。

养殖分布 大黄鱼"甬岱1号"主要在我国东海等沿海地区养殖，包括浙江、福建等。

养殖模式 大黄鱼"甬岱1号"的养殖水体为人工可控的海水、半咸水水域，主要养殖模式包括普通网箱养殖、深水网箱养殖、池塘养殖等，主要为单养，也可与其他水产动物混养。

开发利用情况 大黄鱼"甬岱1号"为培育种，由宁波市海洋与渔业研究院、宁波大学及象山港湾水产苗种有限公司联合培育，2020年通过全国水产原种和良种审定委员会审定。全国共普查到2个繁育主体开展该资源的活体保种和/或苗种生产。

409. 卵形鲳鲹（*Trachinotus ovatus*）

俗名 金鲳、黄腊鲳。

（张楠 提供）

分类地位 动物界（Animalia）、脊索动物门（Chordata）、硬骨鱼纲（Osteichthyes）、鲈形目（Perciformes）、鲹科（Carangidae）、鲳鲹属（*Trachinotus*）。

地位作用 卵形鲳鲹是我国海水鱼类主养种。主要用途为食用。

养殖分布 卵形鲳鲹主要在我国南海、东海等沿海地区养殖，包括广东、广西、海南、福建等。

养殖模式 卵形鲳鲹的养殖水体为海水，主要养殖模式包括深水网箱养殖、池塘养殖等。深水网箱养殖时以单养为主，池塘养殖时可与凡纳滨对虾等混养。

开发利用情况 卵形鲳鲹为本土种，是我国20世纪80年代开发的养殖种，90年代解决了其人工苗种繁育技术，国内已有多家单位开展了卵形鲳鲹的遗传育种工作。全国共普查到8个繁育主体开展该资源的活体保种和/或苗种生产。

410.布氏鲳鲹（*Trachinotus blochii*）

俗名 金鲳。

（蔡春有　提供）

　　分类地位　动物界（Animalia）、脊索动物门（Chordata）、硬骨鱼纲（Osteichthyes）、鲈形目（Perciformes）、鲹科（Carangidae）、鲳鲹属（*Trachinotus*）。

　　地位作用　布氏鲳鲹是我国海水鱼类主养种（卵形鲳鲹的近缘种）。主要用途为食用。

　　养殖分布　布氏鲳鲹主要在我国南海等沿海地区养殖，包括广东、海南等。

　　养殖模式　布氏鲳鲹的养殖水体为海水，主要养殖模式为网箱养殖，以单养为主。

　　开发利用情况　布氏鲳鲹为本土种，是我国20世纪90年代开发的养殖种，已解决其人工苗种繁育技术。布氏鲳鲹生长速度较卵形鲳鲹慢，养殖规模较小，但布氏鲳鲹繁殖性能优于卵形鲳鲹，国内已有单位开展了布氏鲳鲹和卵形鲳鲹的杂交和遗传改良工作。

411.鞍带石斑鱼（*Epinephelus lanceolatus*）

俗名 龙趸、龙胆石斑鱼。

（张勇　提供）

　　分类地位 动物界（Animalia）、脊索动物门（Chordata）、硬骨鱼纲（Osteichthyes）、鲈形目（Perciformes）、石斑鱼科（Epinephelidae）、石斑鱼属（*Epinephelus*）。

　　地位作用 鞍带石斑鱼是我国海水鱼类主养种。主要用途为食用。

　　养殖分布 鞍带石斑鱼主要在我国南海、东海、黄海地区等沿海地区养殖，包括浙江、福建、山东、广东、广西、海南等。

　　养殖模式 鞍带石斑鱼的养殖水体为海水，主要养殖模式包括池塘养殖、网箱养殖、工厂化养殖等。

　　开发利用情况 鞍带石斑鱼为本土种，是我国20世纪90年代开发的养殖种，90年代解决了其人工苗种繁育技术。全国共普查到10个繁育主体开展该资源的活体保种和/或苗种生产。

412.棕点石斑鱼（*Epinephelus fuscoguttatus*）

俗名 老虎斑、虎斑。

（田永胜　提供）

分类地位 动物界（Animalia）、脊索动物门（Chordata）、硬骨鱼纲（Osteichthyes）、鲈形目（Perciformes）、石斑鱼科（Epinephelidae）、石斑鱼属（*Epinephelus*）。

地位作用 棕点石斑鱼是我国海水鱼类区域特色养殖种。主要用途为食用。

养殖分布 棕点石斑鱼主要在我国南海、东海等沿海地区养殖，包括浙江、福建、山东、广东、广西、海南等。

养殖模式 棕点石斑鱼的养殖水体为海水，主要养殖模式包括网箱养殖等。

开发利用情况 棕点石斑鱼为本土种，是我国21世纪初开发的养殖种，已解决其人工苗种繁育技术，目前常用作石斑鱼的杂交亲本。全国共普查到7个繁育主体开展该资源的活体保种和/或苗种生产。

413. 点带石斑鱼（*Epinephelus malabaricus*）

俗名 似鲑石斑鱼、玛拉巴石斑鱼、黑点、鲈鱼麻（澎湖）、厉麻鲙（澎湖）。

（丁少雄 提供）

分类地位 动物界（Animalia）、脊索动物门（Chordata）、硬骨鱼纲（Osteichthyes）、鲈形目（Perciformes）、石斑鱼科（Epinephelidae）、石斑鱼属（*Epinephelus*）。

地位作用 点带石斑鱼是我国海水鱼类区域特色养殖种。主要用途为食用。

养殖分布 点带石斑鱼主要在我国东海、南海等沿海地区养殖，包括福建、广东、海南等。

养殖模式 点带石斑鱼的养殖水体为海水，主要养殖模式包括工厂化养殖、网箱养殖等。

开发利用情况 点带石斑鱼为本土种，是我国20世纪90年代开发的养殖种，已解决其人工苗种繁育技术。全国共普查到4个繁育主体开展该资源的活体保种和/或苗种生产。

414.青石斑鱼（*Epinephelus awoara*）

俗名　土鲙（东山、诏安、平潭）、土斑、腊鲙（厦门）、过鱼、糯米格、流氓格仔、青鲑、黄丁斑、中沟、白马罔仔。

（田永胜　提供）

分类地位　动物界（Animalia）、脊索动物门（Chordata）、硬骨鱼纲（Osteichthyes）、鲈形目（Perciformes）、石斑鱼科（Epinephelidae）、石斑鱼属（*Epinephelus*）。

地位作用　青石斑鱼是我国海水鱼类区域特色养殖种。主要用途为食用。

养殖分布　青石斑鱼主要在我国南海、东海等沿海地区养殖，包括浙江、福建、山东、广东、广西、海南等。

养殖模式　青石斑鱼的养殖水体为海水，主要养殖模式包括网箱养殖、池塘养殖等。

开发利用情况　青石斑鱼为本土种，是我国20世纪80年代开发的养殖种，已解决其人工苗种繁育技术。全国共普查到1个繁育主体开展该资源的活体保种和/或苗种生产。

415.赤点石斑鱼（*Epinephelus akaara*）

俗名 红斑、红过鱼。

（张勇 提供）

    分类地位 动物界（Animalia）、脊索动物门（Chordata）、硬骨鱼纲（Osteichthyes）、鲈形目（Perciformes）、石斑鱼科（Epinephelidae）、石斑鱼属（*Epinephelus*）。

    地位作用 赤点石斑鱼是我国海水鱼类区域特色养殖种。主要用途为食用。

    养殖分布 赤点石斑鱼主要在我国南海、东海等沿海地区养殖，包括浙江、福建、广东、广西、海南等。

    养殖模式 赤点石斑鱼的养殖水体为海水，主要养殖模式为工厂化养殖。

    开发利用情况 赤点石斑鱼为本土种，是我国20世纪80年代开发的养殖种，已解决其人工苗种繁育技术。全国共普查到4个繁育主体开展该资源的活体保种和/或苗种生产。

416.云纹石斑鱼（*Epinephelus moara*）

俗名 草斑、真油斑。

（刘阳　提供）

分类地位 动物界（Animalia）、脊索动物门（Chordata）、硬骨鱼纲（Osteichthyes）、鲈形目（Perciformes）、石斑鱼科（Epinephelidae）、石斑鱼属（*Epinephelus*）。

地位作用 云纹石斑鱼是我国海水鱼类区域特色养殖种。主要用途为食用。

养殖分布 云纹石斑鱼主要在我国东海、南海等沿海地区养殖，包括浙江、福建、山东、广东、广西、海南等。

养殖模式 云纹石斑鱼的养殖水体为海水，主要养殖模式包括池塘养殖、网箱养殖、室内工厂化养殖等。

开发利用情况 云纹石斑鱼为本土种，2011年解决了其人工苗种繁育技术。全国共普查到2个繁育主体开展该资源的活体保种和/或苗种生产。

417.三斑石斑鱼（*Epinephelus trimaculatus*）

俗名 鬼斑（海南）。

（张楠 提供）

  分类地位 动物界（Animalia）、脊索动物门（Chordata）、硬骨鱼纲（Osteichthyes）、鲈形目（Perciformes）、石斑鱼科（Epinephelidae）、石斑鱼属（*Epinephelus*）。

  地位作用 三斑石斑鱼是我国海水鱼类潜在养殖种。主要用途为食用。

  养殖分布 三斑石斑鱼主要在我国南海等沿海地区养殖，包括广东、海南等。

  养殖模式 三斑石斑鱼的养殖水体为海水，主要养殖模式为池塘养殖。

  开发利用情况 三斑石斑鱼为本土种，目前该资源尚处于解决规模化人工繁殖阶段。普查到2个繁育主体开展该资源的活体保种和/或苗种生产。

418.斜带石斑鱼（*Epinephelus coioides*）

俗名 青斑红花、红点虎麻。

（田永胜　提供）

分类地位 动物界（Animalia）、脊索动物门（Chordata）、硬骨鱼纲（Osteichthyes）、鲈形目（Perciformes）、石斑鱼科（Epinephelidae）、石斑鱼属（*Epinephelus*）。

地位作用 斜带石斑鱼是我国海水鱼类潜在养殖种。主要用途为食用。

养殖分布 斜带石斑鱼主要在我国南海等沿海地区养殖，包括福建、广东、海南等。

养殖模式 斜带石斑鱼的养殖水体为海水，主要养殖模式为网箱养殖，以单养为主。

开发利用情况 斜带石斑鱼为本土种，是我国21世纪初开发的养殖种，已解决其人工苗种繁育技术。全国共普查到2个繁育主体开展该资源的活体保种和/或苗种生产。

419.虎龙杂交斑

俗名 珍珠龙胆、虎龙斑、珍珠斑、珍珠龙趸。

分类地位 杂交种，亲本来源为棕点石斑鱼（♀）×鞍带石斑鱼（♂）。

地位作用 虎龙杂交斑为我国培育的第1个石斑鱼品种，主选性状为生长速度。在相同的养殖条件下，14月龄鱼平均体重是母本棕点石斑鱼的2.1倍；与父本鞍带石斑鱼相比，育苗难度降低。主要用途为食用。

养殖分布 虎龙杂交斑主要在我国南海、东海、黄渤海等沿海地区养殖，包括天津、河北、浙江、福建、山东、广东、广西、海南等。

养殖模式 虎龙杂交斑的养殖水体为人工可控的海水水域，主要养殖模式包括池塘养殖、工厂化养殖等。

开发利用情况 虎龙杂交斑为培育种，由广东省海洋渔业试验中心、中山大学、海南大学、海南晨海水产有限公司联合培育，2017年通过全国水产原种和良种审定委员会审定。全国共普查到42个繁育主体开展该资源的活体保种和/或苗种生产。

420.云龙石斑鱼

俗名 云龙斑。

（刘阳 提供）

分类地位 杂交种，亲本来源为云纹石斑鱼（♀）×鞍带石斑鱼（♂）。

地位作用 云龙石斑鱼为我国培育的石斑鱼品种，主选性状为生长速度。在相同养殖条件下，与母本云纹石斑鱼相比，1龄鱼体重平均提高208.8%；与父本鞍带石斑鱼相比，育苗难度显著降低；与广泛养殖的杂交种珍珠龙胆相比，1龄鱼体重平均提高31.4%。主要用途为食用。

养殖分布 云龙石斑鱼主要在我国东海、南海、黄渤海等沿海地区养殖，包括天津、福建、山东、广东、广西、海南等。

养殖模式 云龙石斑鱼的养殖水体为人工可控的海水水域，主要养殖模式包括工厂化流水养殖、循环水养殖、高位池养殖、网箱养殖等。

开发利用情况 云龙石斑鱼为培育种，由莱州明波水产有限公司、中国水产科学研究院黄海水产研究所等联合培育，2019年通过全国水产原种和良种审定委员会审定。全国共普查到13个繁育主体开展该资源的活体保种和/或苗种生产。

421.杉虎石斑鱼

俗名 无。

（张静静 提供）

分类地位 杂交种，亲本来源为棕点石斑鱼（♀）×杉斑石斑鱼（♂）。

地位作用 杉虎石斑鱼是我国培育的石斑鱼品种。主要用途为食用。

养殖分布 杉虎石斑鱼主要在我国东海、南海等沿海地区养殖，包括福建、广东、海南等。

养殖模式 杉虎石斑鱼的养殖水体为人工可控的海水水域，主要养殖模式包括网箱养殖、工厂化养殖等。

开发利用情况 杉虎石斑鱼为培育种，是我国相关单位以棕点石斑鱼为母本、杉斑石斑鱼为父本杂交而成。全国共普查到2个繁育主体开展该资源的活体保种和/或苗种生产。

422. 驼背鲈（*Chromileptes altivelis*）

俗名 老鼠斑。

（方增冰 提供）

分类地位 动物界（Animalia）、脊索动物门（Chordata）、硬骨鱼纲（Osteichthyes）、鲈形目（Perciformes）、石斑鱼科（Epinephelidae）、驼背鲈属（*Chromileptes*）。

地位作用 驼背鲈是我国海水鱼类区域特色养殖种。主要用途为食用和观赏。

养殖分布 驼背鲈主要在我国南海、黄渤海、东海等沿海地区养殖，包括河北、山东、广东、海南等。

养殖模式 驼背鲈的养殖水体为海水，主要养殖模式为工厂化养殖，以单养为主。

开发利用情况 驼背鲈为本土种，是我国21世纪初开发的养殖种，已解决其人工苗种繁育技术。全国共普查到6个繁育主体开展该资源的活体保种和/或苗种生产。

423.豹纹鳃棘鲈（*Plectropomus leopardus*）

俗名 东星斑、花斑刺鳃石斑鱼。

（田永胜 提供）

分类地位 动物界（Animalia）、脊索动物门（Chordata）、硬骨鱼纲（Osteichthyes）、鲈形目（Perciformes）、石斑鱼科（Epinephelidae）、鳃棘鲈属（*Plectropomus*）。

地位作用 豹纹鳃棘鲈是我国海水鱼类主养种。主要用途为食用和观赏。

养殖分布 豹纹鳃棘鲈主要在我国东海、南海等沿海地区养殖，包括浙江、福建、广东、广西、海南等。

养殖模式 豹纹鳃棘鲈的养殖水体为海水，主要养殖模式为工厂化养殖，单养和混养均可。

开发利用情况 豹纹鳃棘鲈为本土种，是我国21世纪初开发的养殖种，2009年解决了其人工苗种繁育技术。全国共普查到16个繁育主体开展该资源的活体保种和/或苗种生产。

424.红九棘鲈（*Cephalopholis sonnerati*）

俗名 红瓜子斑。

（陈松林 提供）

　　分类地位 动物界（Animalia）、脊索动物门（Chordata）、硬骨鱼纲（Osteichthyes）、鲈形目（Perciformes）、石斑鱼科（Epinephelidae）、九棘鲈属（*Cephalopholis*）。

　　地位作用 红九棘鲈是我国海水鱼类潜在养殖种。主要用途为食用和观赏。

　　养殖分布 红九棘鲈主要在我国海南等沿海地区养殖。

　　养殖模式 红九棘鲈的养殖水体为海水，主要养殖模式为工厂化养殖。

　　开发利用情况 红九棘鲈为本土种，是我国近年来开发的养殖种，已初步解决其人工苗种繁育技术。

425.花鲈（*Lateolabrax maculatus*）

俗名 七星鲈、海鲈、寨花、鲈板。

（叶坤 提供）

分类地位 动物界（Animalia）、脊索动物门（Chordata）、硬骨鱼纲（Osteichthyes）、鲈形目（Perciformes）、花鲈科（Lateolabracidae）、花鲈属（*Lateolabrax*）。

地位作用 花鲈是我国海水鱼类主养种。主要用途为食用。

养殖分布 花鲈主要在我国南海、东海、黄渤海等沿海地区以及部分内陆地区养殖，包括广东、福建、浙江、山东、辽宁、广西、海南、江苏等。

养殖模式 花鲈的养殖水体为海水、半咸水、淡水，主要养殖模式包括池塘养殖、网箱养殖等。

开发利用情况 花鲈为本土种，是我国20世纪90年代开发的养殖种，90年代末解决了其人工苗种繁育技术。全国共普查到21个繁育主体开展该资源的活体保种和/或苗种生产。

426.牙鲆（*Paralichthys olivaceus*）

俗名 牙片、偏口、左口、比目鱼。

（侯吉伦　提供）

分类地位 动物界（Animalia）、脊索动物门（Chordata）、硬骨鱼纲（Osteichthyes）、鲽形目（Pleuronectiformes）、牙鲆科（Paralichthyidae）、牙鲆属（*Paralichthys*）。

地位作用 牙鲆是我国海水鱼类主养种。主要用途为食用。

养殖分布 牙鲆主要在我国黄渤海等沿海地区养殖，包括天津、河北、辽宁、江苏、山东等。

养殖模式 牙鲆的养殖水体为海水，主要养殖模式包括工厂化养殖、池塘养殖、网箱养殖等，主要为单养，也可混养。

开发利用情况 牙鲆为本土种，是我国20世纪60年代开发的养殖种，70年代末解决了其人工苗种繁育技术。已有"北鲆1号""北鲆2号""鲆优1号""鲆优2号"等品种通过全国水产原种和良种审定委员会审定。目前全国共普查到45个繁育主体开展该资源的活体保种和/或苗种生产。

427.牙鲆"鲆优1号"（*Paralichthys olivaceus*）

俗名　鲆优1号、牙片、偏口、左口、比目鱼。

　　分类地位　动物界（Animalia）、脊索动物门（Chordata）、硬骨鱼纲（Osteichthyes）、鲽形目（Pleuronectiformes）、牙鲆科（Paralichthyidae）、牙鲆属（*Paralichthys*）。

　　地位作用　牙鲆"鲆优1号"为我国培育的第1个牙鲆品种，主选性状为生长速度和抗鳗弧菌能力。在相同养殖条件下，与普通牙鲆相比，体重提高30%，成活率提高20%。主要用途为食用。

　　养殖分布　牙鲆"鲆优1号"主要在我国黄渤海等沿海地区养殖，包括辽宁、山东等。

　　养殖模式　牙鲆"鲆优1号"的养殖水体为人工可控的海水水域，主要养殖模式包括工厂化养殖、池塘养殖、网箱养殖等，主要为单养。

　　开发利用情况　牙鲆"鲆优1号"为培育种，由中国水产科学研究院黄海水产研究所和山东省海阳市黄海水产有限公司联合培育，2010年通过全国水产原种和良种审定委员会审定。全国共普查到1个繁育主体开展该资源的活体保种和/或苗种生产。

428.牙鲆"北鲆1号"（*Paralichthys olivaceus*）

俗名 北鲆1号、牙片、偏口、左口、比目鱼。

    分类地位 动物界（Animalia）、脊索动物门（Chordata）、硬骨鱼纲（Osteichthyes）、鲽形目（Pleuronectiformes）、牙鲆科（Paralichthyidae）、牙鲆属（*Paralichthys*）。

    地位作用 牙鲆"北鲆1号"为我国培育的牙鲆品种，主选性状为生长速度和全雌化。在相同养殖条件下，生长速度快，13月龄和20月龄的个体比河北省当地养殖牙鲆生长速度分别提高15.59%和23.37%以上。主要用途为食用。

    养殖分布 牙鲆"北鲆1号"主要在我国黄渤海等沿海地区养殖，包括河北、辽宁、山东、福建等。

    养殖模式 牙鲆"北鲆1号"的养殖水体为人工可控的海水水域，主要养殖模式包括工厂化养殖、池塘养殖、网箱养殖等。

    开发利用情况 牙鲆"北鲆1号"为培育种，由中国水产科学研究院北戴河中心实验站培育，2011年通过全国水产原种和良种审定委员会审定。全国共普查到2个繁育主体开展该资源的活体保种和/或苗种生产。

429. 北鲆2号（*Paralichthys olivaceus*）

俗名 牙片、偏口、左口、比目鱼。

分类地位 动物界（Animalia）、脊索动物门（Chordata）、硬骨鱼纲（Osteichthyes）、鲽形目（Pleuronectiformes）、牙鲆科（Paralichthyidae）、牙鲆属（*Paralichthys*）。

地位作用 北鲆2号为我国自主培育的牙鲆品种，主选性状是全雌化和生长速度。雌性比例在90%以上。在相同养殖条件下，比普通牙鲆生长快35%以上，比"北鲆1号"快15%左右，个体均一度高，具大型黑斑个体占80%以上。主要用途为食用。

养殖分布 北鲆2号主要在我国河北等沿海地区养殖。

养殖模式 北鲆2号的养殖水体为人工可控的海水水域，主要养殖模式包括池塘养殖、工厂化养殖、网箱养殖等，主要为单养。

开发利用情况 北鲆2号为培育种，由中国水产科学研究院北戴河中心实验站与中国水产科学研究院资源与环境研究中心联合培育，2013年通过全国水产原种和良种审定委员会审定。全国共普查到1个繁育主体开展该资源的活体保种和/或苗种生产。

430.牙鲆"鲆优2号"（*Paralichthys olivaceus*）

俗名 鲆优2号、牙片、偏口、左口、比目鱼。

分类地位 动物界（Animalia）、脊索动物门（Chordata）、硬骨鱼纲（Osteichthyes）、鲽形目（Pleuronectiformes）、牙鲆科（Paralichthyidae）、牙鲆属（*Paralichthys*）。

地位作用 牙鲆"鲆优2号"为我国培育的牙鲆品种，主选性状为抗病，在相同养殖条件下，与未经选育的牙鲆相比，18月龄鱼生长速度平均提高20%，成活率平均提高20%。主要用途为食用。

养殖分布 牙鲆"鲆优2号"主要在我国黄渤海等沿海地区养殖，包括山东、辽宁、河北等。

养殖模式 牙鲆"鲆优2号"的养殖水体为人工可控的海水水域，主要养殖模式包括工厂化养殖、池塘养殖、网箱养殖等，主要为单养。

开发利用情况 牙鲆"鲆优2号"为培育种，由中国水产科学研究院黄海水产研究所与海阳市黄海水产有限公司联合培育，2016年通过全国水产原种和良种审定委员会审定。全国共普查到2个繁育主体开展该资源的活体保种和/或苗种生产。

431.大菱鲆（*Scophthalmus maximus*）

俗名　多宝鱼、欧洲比目鱼。

（李秀梅　提供）

分类地位　动物界（Animalia）、脊索动物门（Chordata）、硬骨鱼纲（Osteichthyes）、鲽形目（Pleuronectiformes）、菱鲆科（Scophthalmidae）、菱鲆属（*Scophthalmus*）。

地位作用　大菱鲆是我国引进的海水鱼类主养种。主要用途为食用。

养殖分布　大菱鲆主要在我国黄渤海、东海等沿海地区养殖，包括天津、河北、辽宁、江苏、浙江、福建、山东等。

养殖模式　大菱鲆的养殖水体为人工可控的海水水域，主要养殖模式包括工厂化养殖、网箱养殖等，主要为单养。

开发利用情况　大菱鲆为引进种，原产自欧洲。1992年由雷霁霖首先自英国引进，20世纪末解决了其人工苗种繁育技术，已有大菱鲆"丹法鲆""多宝1号"等品种通过全国水产原种和良种审定委员会审定。全国共普查到38个繁育主体开展该资源的活体保种和/或苗种生产。

432.大菱鲆"丹法鲆"（*Scophthalmus maximus*）

俗名 丹法鲆、欧洲比目鱼、多宝鱼。

  分类地位 动物界（Animalia）、脊索动物门（Chordata）、硬骨鱼纲（Osteichthyes）、鲽形目（Pleuronectiformes）、菱鲆科（Scophthalmidae）、菱鲆属（*Scophthalmus*）。

  地位作用 大菱鲆"丹法鲆"是我国自主培育的第1个大菱鲆品种。主选性状为生长速度、出苗率和成活率。在相同条件下，"丹法鲆"苗种阶段出苗率达30%以上，收获体重比普通大菱鲆商品苗提高24%以上，养殖存活率平均提高18%以上。主要用途为食用。

  养殖分布 大菱鲆"丹法鲆"主要在我国山东等沿海地区养殖。

  养殖模式 大菱鲆"丹法鲆"的养殖水体为人工可控的海水水域，主要养殖模式包括工厂化养殖、网箱养殖等，主要为单养。

  开发利用情况 大菱鲆"丹法鲆"为培育种，由中国水产科学研究院黄海水产研究所与海阳市黄海水产有限公司联合培育，2010年通过全国水产原种和良种审定委员会审定。全国共普查到1个繁育主体开展该资源的活体保种和/或苗种生产。

433. 大菱鲆 "多宝1号" (*Scophthalmus maximus*)

俗名 多宝1号、多宝鱼、欧洲比目鱼。

分类地位 动物界 (Animalia)、脊索动物门 (Chordata)、硬骨鱼纲 (Osteichthyes)、鲽形目 (Pleuronectiformes)、菱鲆科 (Scophthalmidae)、菱鲆属 (*Scophthalmus*)。

地位作用 大菱鲆 "多宝1号" 是我国自主培育的大菱鲆品种，主选性状为生长速度和成活率。相同养殖条件下，与普通大菱鲆相比，15月龄 "多宝1号" 平均体重提高36.0%以上，养殖成活率提高25.0%以上，主要经济性状遗传稳定性达90.0%以上。主要用途为食用。

养殖分布 大菱鲆 "多宝1号" 主要在我国黄渤海等沿海地区养殖，包括天津、河北、辽宁、山东等。

养殖模式 大菱鲆 "多宝1号" 的养殖水体为人工可控的海水水域，主要养殖模式包括工厂化养殖、网箱养殖等，主要为单养。

开发利用情况 大菱鲆 "多宝1号" 为培育种，由中国水产科学研究院黄海水产研究所和烟台开发区天源水产有限公司联合培育，2014年通过全国水产原种和良种审定委员会审定。全国共普查到6个繁育主体开展该资源的活体保种和/或苗种生产。

434.半滑舌鳎（*Cynoglossus semilaevis*）

俗名　鳎米、鳎目、龙利鱼、舌头鱼。

（李仰真　提供）

分类地位　动物界（Animalia）、脊索动物门（Chordata）、硬骨鱼纲（Osteichthyes）、鲽形目（Pleuronectiformes）、舌鳎科（Cynoglossidae）、舌鳎属（*Cynoglossus*）。

地位作用　半滑舌鳎是我国海水鱼类主养种。主要用途为食用。

养殖分布　半滑舌鳎主要在我国黄渤海、东海等沿海地区养殖，包括天津、河北、江苏、浙江、福建、山东、广东等。

养殖模式　半滑舌鳎的养殖水体为海水，主要养殖模式包括工厂化养殖、池塘养殖等，主要为单养，也可混养。

开发利用情况　半滑舌鳎为本土种，21世纪初解决了其人工苗种繁育技术，已有"鳎优1号"1个品种通过了全国水产原种和良种审定委员会审定。全国共普查到34个繁育主体开展该资源的活体保种和/或苗种生产。

435.半滑舌鳎 "鳎优1号" (*Cynoglossus semilaevis*)

俗名 鳎优1号、鳎米、鳎目、龙利鱼、舌头鱼。

分类地位 动物界（Animalia）、脊索动物门（Chordata）、硬骨鱼纲（Osteichthyes）、鲽形目（Pleuronectiformes）、舌鳎科（Cynoglossidae）、舌鳎属（*Cynoglossus*）。

地位作用 半滑舌鳎 "鳎优1号" 是我国自主培育的半滑舌鳎品种，主选性状为抗病、生长速度和成活率。在相同养殖条件下，与未经选育的半滑舌鳎相比，"鳎优1号" 抗哈维氏弧菌能力平均提高30.9%，18月龄鱼的体重平均提高17.7%，养殖成活率平均提高15.7%。主要用途为食用。

养殖分布 半滑舌鳎 "鳎优1号" 主要在我国黄渤海等沿海地区养殖，包括天津、河北、山东等。

养殖模式 半滑舌鳎 "鳎优1号" 的养殖水体为人工可控的海水水域，主要养殖模式包括工厂化养殖、池塘养殖等，主要为单养，也可混养。

开发利用情况 半滑舌鳎 "鳎优1号" 为培育种，由中国水产科学研究院黄海水产研究所、海阳市黄海水产有限公司、唐山市维卓水产养殖有限公司、莱州明波水产有限公司、天津市水产研究所等单位联合培育，2021年通过全国水产原种和良种审定委员会审定。全国共普查到9个繁育主体开展该资源的活体保种和/或苗种生产。

436.真鲷（*Pagrus major*）

俗名 铜盆鱼、红加吉、真赤鲷。

（李秀梅　提供）

分类地位　动物界（Animalia）、脊索动物门（Chordata）、硬骨鱼纲（Osteichthyes）、鲈形目（Perciformes）、鲷科（Sparidae）、真鲷属（*Pagrus*）。

地位作用　真鲷是我国海水鱼类主养种。主要用途为食用。

养殖分布　真鲷主要在我国东海、南海、黄渤海等沿海地区养殖，包括天津、浙江、福建、山东、广东、广西等。

养殖模式　真鲷的养殖水体为海水，主要养殖模式为深水网箱养殖，单养。

开发利用情况　真鲷为本土种，20世纪70年代解决了其人工苗种繁育技术，90年代规模化养殖初具规模。全国共普查到4个繁育主体开展该资源的活体保种和/或苗种生产。

437.黑棘鲷（*Acanthopagrus schlegelii*）

俗名 乌颊鱼、黑立、黑棘鲷、海鲋、黑加吉。

（李秀梅 提供）

分类地位 动物界（Animalia）、脊索动物门（Chordata）、硬骨鱼纲（Osteichthyes）、鲈形目（Perciformes）、鲷科（Sparidae）、棘鲷属（*Acanthopagrus*）。

地位作用 黑棘鲷是我国海水鱼类主养种。主要用途为食用。

养殖分布 黑棘鲷主要在我国黄渤海、东海、南海等沿海地区养殖，包括天津、江苏、浙江、福建、山东、广东、广西、海南等。

养殖模式 黑棘鲷的养殖水体为半咸水、海水，主要养殖模式包括池塘养殖、网箱养殖等。

开发利用情况 黑棘鲷为本土种，是我国20世纪50年代开发的养殖种，已解决其人工苗种繁育技术。全国共普查到50个繁育主体开展该资源的活体保种和/或苗种生产。

438.黄鳍棘鲷（*Acanthopagrus latus*）

俗名 黄鳍鲷、黄鳍、鲛腊鱼、黄脚立、赤翅、黄立鱼。

（朱克诚　提供）

分类地位 动物界（Animalia）、脊索动物门（Chordata）、硬骨鱼纲（Osteichthyes）、鲈形目（Perciformes）、鲷科（Sparidae）、棘鲷属（*Acanthopagrus*）。

地位作用 黄鳍棘鲷是我国海水鱼类主养种。主要用途为食用。

养殖分布 黄鳍棘鲷主要在我国东海、南海等沿海地区养殖，包括浙江、福建、广东、广西、海南等。

养殖模式 黄鳍棘鲷的养殖水体为半咸水、海水，主要养殖模式包括池塘养殖、网箱养殖等，单养和混养均可。

开发利用情况 黄鳍棘鲷为本土种，20世纪80年代解决了其人工苗种繁育技术。全国共普查到12个繁育主体开展该资源的活体保种和/或苗种生产。

439. 条石鲷 (*Oplegnathus fasciatus*)

俗名 石鲷、七色、海胆鲷。

（陈江源 提供）

分类地位 动物界（Animalia）、脊索动物门（Chordata）、硬骨鱼纲（Osteichthyes）、鲈形目（Perciformes）、石鲷科（Oplegnathidae）、石鲷属（*Oplegnathus*）。

地位作用 条石鲷是我国海水鱼类区域特色养殖种。主要用途为食用。

养殖分布 条石鲷主要在我国黄渤海、东海等沿海地区养殖，包括浙江、山东等。

养殖模式 条石鲷的养殖水体为海水，主要养殖模式为工厂化养殖，单养。

开发利用情况 条石鲷为本土种，是我国21世纪初开发的养殖种，已解决其人工苗种繁育技术。全国共普查到3个繁育主体开展该资源的活体保种和/或苗种生产。

440.斑石鲷（*Oplegnathus punctatus*）

俗名 黑金鼓、斑鲷。

（张楠 提供）

分类地位 动物界（Animalia）、脊索动物门（Chordata）、硬骨鱼纲（Osteichthyes）、鲈形目（Perciformes）、石鲷科（Oplegnathidae）、石鲷属（*Oplegnathus*）。

地位作用 斑石鲷是我国海水鱼类主养种。主要用途为食用和药用。

养殖分布 斑石鲷主要在我国东海、南海、黄渤海等沿海地区养殖，包括天津、浙江、福建、广东、广西等。

养殖模式 斑石鲷的养殖水体为海水，主要养殖模式包括池塘养殖、工厂化养殖、网箱养殖等，主要为单养。

开发利用情况 斑石鲷为本土种，是我国21世纪初开发的养殖种，已解决其人工苗种繁育技术。全国共普查到3个繁育主体开展该资源的活体保种和/或苗种生产。

441.花尾胡椒鲷（*Plectorhinchus cinctus*）

俗名 加吉、打铁婆、假包公、黑脚子、胶钱、柏铁、青鲷、青郎。

（张楠 提供）

分类地位 动物界（Animalia）、脊索动物门（Chordata）、硬骨鱼纲（Osteichthyes）、鲈形目（Perciformes）、石鲈科（Haemulidae）、胡椒鲷属（*Plectorhinchus*）。

地位作用 花尾胡椒鲷是我国海水鱼类区域特色养殖种。主要用途为食用。

养殖分布 花尾胡椒鲷主要在我国南海等沿海地区养殖，包括广东、广西、海南等。

养殖模式 花尾胡椒鲷的养殖水体为海水，主要养殖模式为网箱养殖。

开发利用情况 花尾胡椒鲷为本土种，是我国20世纪90年代开发的养殖种，90年代末解决了其人工苗种繁育技术。全国共普查到3个繁育主体开展该资源的活体保种和/或苗种生产。

442.红笛鲷（*Lutjanus sanguineus*）

俗名　红鸡鱼、红鱼、红曹鱼。

（单斌斌　提供）

分类地位　动物界（Animalia）、脊索动物门（Chordata）、硬骨鱼纲（Osteichthyes）、鲈形目（Perciformes）、笛鲷科（Lutjanidae）、笛鲷属（*Lutjanus*）。

地位作用　红笛鲷是我国海水鱼类区域特色养殖种。主要用途为食用。

养殖分布　红笛鲷主要在我国南海、东海等沿海地区养殖，包括福建、广东等。

养殖模式　红笛鲷的养殖水体为海水，主要养殖模式为网箱养殖。

开发利用情况　红笛鲷为本土种，是我国20世纪90年代开发的养殖种，已解决其人工苗种繁育技术。

443.平鲷（*Rhabdosargus sarba*）

俗名 元头、香头、平头、胖头、炎头鱼、金丝鲷、丝虹、金丝虹、黄锡鲷。

（张楠　提供）

分类地位　动物界（Animalia）、脊索动物门（Chordata）、硬骨鱼纲（Osteichthyes）、鲈形目（Perciformes）、鲷科（Sparidae）、平鲷属（*Rhabdosargus*）。

地位作用　平鲷是我国海水鱼类区域特色养殖种。主要用途为食用。

养殖分布　平鲷主要在我国南海、东海等沿海地区养殖，包括福建、广东、广西等。

养殖模式　平鲷的养殖水体为海水，主要养殖模式包括网箱养殖、池塘养殖等。

开发利用情况　平鲷为本土种，是我国20世纪80年代开发的养殖种，已解决其人工苗种繁育技术。

444.紫红笛鲷（*Lutjanus argentimaculatus*）

俗名 银纹笛鲷、红槽、红厚唇、丁斑。

（张楠 提供）

分类地位 动物界（Animalia）、脊索动物门（Chordata）、硬骨鱼纲（Osteichthyes）、鲈形目（Perciformes）、笛鲷科（Lutjanidae）、笛鲷属（*Lutjanus*）。

地位作用 紫红笛鲷是我国海水鱼类区域特色养殖种。主要用途为食用。

养殖分布 紫红笛鲷主要在我国南海、东海等沿海地区养殖，包括福建、广东、广西等。

养殖模式 紫红笛鲷的养殖水体为海水，主要养殖模式为网箱养殖。

开发利用情况 紫红笛鲷为本土种，是我国20世纪80年代开发的养殖种，并在80年代末解决了其人工苗种繁育技术，随后，开始大规模养殖。全国共普查到6个繁育主体开展该资源的活体保种和/或苗种生产。

445.红鳍笛鲷（*Lutjanus erythropterus*）

俗名 赤鳍笛鲷、红鸡、赤鸡仔、红鱼、大红鱼。

（张楠　提供）

分类地位 动物界（Animalia）、脊索动物门（Chordata）、硬骨鱼纲（Osteichthyes）、鲈形目（Perciformes）、笛鲷科（Lutjanidae）、笛鲷属（*Lutjanus*）。

地位作用 红鳍笛鲷是我国海水鱼类区域特色养殖种。主要用途为食用。

养殖分布 红鳍笛鲷主要在我国南海、东海等沿海地区养殖，包括福建、广东、广西、海南等。

养殖模式 红鳍笛鲷的养殖水体为海水，主要养殖模式为网箱养殖。

开发利用情况 红鳍笛鲷为本土种，是我国20世纪90年代初开发的养殖种，已解决其人工苗种繁育技术。全国共普查到1个繁育主体开展该资源的活体保种和/或苗种生产。

446.眼斑拟石首鱼（*Sciaenops ocellatus*）

俗名 美国红鱼、红鼓鱼、黑斑红鲈。

（罗刚 提供）

分类地位 动物界（Animalia）、脊索动物门（Chordata）、硬骨鱼纲（Osteichthyes）、鲈形目（Perciformes）、石首鱼科（Sciaenidae）、拟石首鱼属（*Sciaenops*）。

地位作用 眼斑拟石首鱼是我国引进的海水鱼类主养种。主要用途为食用。

养殖分布 眼斑拟石首鱼主要在我国南海、东海等沿海地区养殖，包括广东、福建、浙江、广西等。

养殖模式 眼斑拟石首鱼养殖水体为半咸水、海水，主要养殖模式包括池塘养殖、网箱养殖等，主要为单养。

开发利用情况 眼斑拟石首鱼为引进种，由我国台湾和青岛地区分别于1987年和1991年引进，1995年解决了其人工苗种繁育技术。全国共普查到7个繁育主体开展该资源的活体保种和/或苗种生产。

447.军曹鱼（*Rachycentron canadum*）

俗名 海鲡、海龙鱼、海竺鱼、竹五、海干草。

（陈江源 提供）

分类地位 动物界（Animalia）、脊索动物门（Chordata）、硬骨鱼纲（Osteichthyes）、鲈形目（Perciformes）、军曹鱼科（Rachycentridae）、军曹鱼属（*Rachycentron*）。

地位作用 军曹鱼是我国海水鱼类主养种。主要用途为食用。

养殖分布 军曹鱼主要在我国南海、东海等沿海地区养殖，包括福建、广东、广西、海南等。

养殖模式 军曹鱼的养殖水体为海水，主要养殖模式包括网箱养殖、池塘养殖等。

开发利用情况 军曹鱼为本土种，已解决其人工苗种繁育技术。

448.五条鰤（*Seriola quinqueradiata*）

俗名 油甘鱼、青甘鲹、青甘。

（徐永江 提供）

分类地位 动物界（Animalia）、脊索动物门（Chordata）、硬骨鱼纲（Osteichthyes）、鲈形目（Perciformes）、鲹科（Carangidae）、鰤属（*Seriola*）。

地位作用 五条鰤是我国海水鱼类潜在养殖种。主要用途为食用。

养殖分布 五条鰤主要在我国南海等沿海地区养殖，包括广东等。

养殖模式 五条鰤的养殖水体为海水，主要养殖模式包括工厂化养殖、网箱养殖等，主要为单养。

开发利用情况 五条鰤为本土种，是一种适宜深远海大型设施养殖的优良鱼种。2020年解决了其人工苗种繁育技术。

449. 黄条鰤 (*Seriola lalandi*)

俗名 黄犍牛、黄犍子。

（徐永江 提供）

分类地位 动物界（Animalia）、脊索动物门（Chordata）、硬骨鱼纲（Osteichthyes）、鲈形目（Perciformes）、鲹科（Carangidae）、鰤属（*Seriola*）。

地位作用 黄条鰤是我国海水鱼类主养种。主要用途为食用。

养殖分布 黄条鰤主要在我国黄渤海、东海等沿海地区养殖，包括辽宁、福建、山东等。

养殖模式 黄条鰤的养殖水体为海水，主要养殖模式包括工厂化养殖、网箱养殖、围栏养殖、工船养殖等，主要为单养。

开发利用情况 黄条鰤为本土种，是一种适宜深远海大型设施养殖的优良鱼种。2017年解决了其人工苗种繁育技术。全国共普查到3个繁育主体开展该资源的活体保种和/或苗种生产。

452.黄鳍东方鲀（*Takifugu xanthopterus*）

俗名 河鲀、黄鳍多纪鲀、花廷巴。

（方增冰 提供）

分类地位 动物界（Animalia）、脊索动物门（Chordata）、硬骨鱼纲（Osteichthyes）、鲀形目（Tetraodontiformes）、鲀科（Tetraodontidae）、东方鲀属（*Takifugu*）。

地位作用 黄鳍东方鲀是我国海水鱼类主养种。主要用途为食用。

养殖分布 黄鳍东方鲀主要在我国黄渤海、南海等沿海地区养殖，包括辽宁、山东、广东等。

养殖模式 黄鳍东方鲀的养殖水体为海水、半咸水，主要养殖模式包括池塘养殖、网箱养殖等，主要为单养，也可混养。

开发利用情况 黄鳍东方鲀为本土种，已解决其人工苗种繁育技术。

453. 双斑东方鲀（*Takifugu bimaculatus*）

俗名 河鲀。

（陈江源　提供）

分类地位 动物界（Animalia）、脊索动物门（Chordata）、硬骨鱼纲（Osteichthyes）、鲀形目（Tetraodontiformes）、鲀科（Tetraodontidae）、东方鲀属（*Takifugu*）。

地位作用 双斑东方鲀是我国海水鱼类区域特色养殖种。主要用途为食用。

养殖分布 双斑东方鲀主要在我国东海、黄渤海、南海等沿海地区养殖，包括福建、河北、广东等。

养殖模式 双斑东方鲀的养殖水体为海水、半咸水，主要养殖模式包括池塘养殖、网箱养殖等，主要为单养，也可混养。

开发利用情况 双斑东方鲀为本土种，已解决其人工苗种繁育技术。全国共普查到2个繁育主体开展该资源的活体保种和/或苗种生产。

454.菊黄东方鲀（*Takifugu flavidus*）

俗名 河豚、龟鱼、菊黄、满天星。

（韩圣磊 提供）

分类地位 动物界（Animalia）、脊索动物门（Chordata）、硬骨鱼纲（Osteichthyes）、鲀形目（Tetraodontiformes）、鲀科（Tetraodontidae）、东方鲀属（*Takifugu*）。

地位作用 菊黄东方鲀是我国海水鱼类区域特色养殖种。主要用途为食用。

养殖分布 菊黄东方鲀主要在我国黄渤海、东海等沿海地区养殖，包括河北、上海、江苏、福建、山东等。

养殖模式 菊黄东方鲀的养殖水体为海水、半咸水，主要养殖模式包括池塘养殖、网箱养殖等，主要为单养。

开发利用情况 菊黄东方鲀为本土种，已解决其人工苗种繁育技术。全国共普查到5个繁育主体开展该资源的活体保种和/或苗种生产。

455.四指马鲅（*Eleutheronema tetradactylum*）

俗名 四丝马鲅、鲅、午鱼、章跳（江浙）、午仔（台湾）等。

（张寒野　提供）

　　分类地位 动物界（Animalia）、脊索动物门（Chordata）、硬骨鱼纲（Osteichthyes）、鲈形目（Perciformes）、马鲅科（Polynemidae）、四指马鲅属（*Eleutheronema*）。

　　地位作用 四指马鲅是我国海水鱼类区域特色养殖种。主要用途为食用。

　　养殖分布 四指马鲅主要在我国南海、东海等沿海地区养殖，包括浙江、广东、广西、海南等。

　　养殖模式 四指马鲅的养殖水体为海水，主要养殖模式有池塘养殖。

　　开发利用情况 四指马鲅为本土种，是我国21世纪初开发的养殖种，已解决其人工苗种繁育技术。全国共普查到3个繁育主体开展该资源的活体保种和/或苗种生产。

456. 黄姑鱼（*Nibea albiflora*）

俗名 黄姑子、黄铜鱼、罗鱼、铜锣鱼、花蜮鱼、黄婆鸡等。

（叶坤 提供）

分类地位 动物界（Animalia）、脊索动物门（Chordata）、硬骨鱼纲（Osteichthyes）、鲈形目（Perciformes）、石首鱼科（Sciaenidae）、黄姑鱼属（*Nibea*）。

地位作用 黄姑鱼是我国海水鱼类主养种。主要用途为食用。

养殖分布 黄姑鱼主要在我国黄渤海、东海、南海等沿海地区养殖，包括天津、江苏、浙江、福建、山东、广东等。

养殖模式 黄姑鱼的养殖水体为海水，主要养殖模式为网箱养殖，也可进行围网养殖、池塘养殖、深水大网箱养殖以及室内工厂化循环水养殖。

开发利用情况 黄姑鱼为本土种，是我国20世纪80年代开发的养殖种，80年代末初步解决了其人工苗种繁育技术，21世纪初解决了其室内全人工育苗技术。全国共普查到21个繁育主体开展该资源的活体保种和/或苗种生产。

457.鮸状黄姑鱼（*Argyrosomus amoyensis*）

俗名 鮸鲈。

（胡荣炊 提供）

分类地位 动物界（Animalia）、脊索动物门（Chordata）、硬骨鱼纲（Osteichthyes）、鲈形目（Perciformes）、石首鱼科（Sciaenidae）、黄姑鱼属（*Argyrosomus*）。

地位作用 鮸状黄姑鱼是我国海水鱼类区域特色养殖种。主要用途为食用和药用（鱼鳔）。

养殖分布 鮸状黄姑鱼主要在我国东海等沿海地区养殖，包括浙江、福建等。

养殖模式 鮸状黄姑鱼的养殖水体为海水，主要养殖模式包括海水网箱和池塘养殖。

开发利用情况 鮸状黄姑鱼为本土种，是我国20世纪90年代初开发的养殖种，已解决其人工苗种繁育技术。

458.日本白姑鱼（*Argyrosomus japonicus*）

俗名 巨鮸、大白姑鱼。

（罗刚 提供）

分类地位 动物界（Animalia）、脊索动物门（Chordata）、硬骨鱼纲（Osteichthyes）、鲈形目（Perciformes）、石首鱼科（Sciaenidae）、白姑鱼属（*Argyrosomus*）。

地位作用 日本白姑鱼是我国海水鱼类潜在养殖种。主要用途为食用和药用（鱼鳔）。

养殖分布 日本白姑鱼主要在我国浙江等沿海地区养殖。

养殖模式 日本白姑鱼的养殖水体为海水，主要养殖模式包括室内工厂化养殖、池塘养殖和网箱养殖。

开发利用情况 日本白姑鱼为本土种，是我国20世纪90年代开发的养殖种，已解决其人工苗种繁育技术。全国共普查到1个繁育主体开展该资源的活体保种和/或苗种生产。

459.浅色黄姑鱼（*Nibea coibor*）

俗名 白奈、金丝鲵。

（叶坤 提供）

  分类地位 动物界（Animalia）、脊索动物门（Chordata）、硬骨鱼纲（Osteichthyes）、鲈形目（Perciformes）、石首鱼科（Sciaenidae）、黄姑鱼属（*Nibea*）。

  地位作用 浅色黄姑鱼是我国海水鱼类区域特色养殖种。主要用途为食用和药用。

  养殖分布 浅色黄姑鱼主要在我国南海、东海等沿海地区养殖，包括福建、广东等。

  养殖模式 浅色黄姑鱼的养殖水体为海水，主要养殖模式包括池塘养殖及网箱养殖。

  开发利用情况 浅色黄姑鱼为本土种，21世纪初解决了其人工苗种繁育技术。全国共普查到1个繁育主体开展该资源的活体保种和/或苗种生产。

460.双棘黄姑鱼（*Protonibea diacanthus*）

俗名 金丝鲵。

（张楠 提供）

  分类地位 动物界（Animalia）、脊索动物门（Chordata）、硬骨鱼纲（Osteichthyes）、鲈形目（Perciformes）、石首鱼科（Sciaenidae）、原黄姑鱼属（*Protonibea*）。

  地位作用 双棘黄姑鱼是我国海水鱼类区域特色养殖种。主要用途为食用和药用（鱼鳔）。

  养殖分布 双棘黄姑鱼主要在我国广东等沿海地区养殖。

  养殖模式 双棘黄姑鱼的养殖水体为海水，主要养殖模式为网箱养殖。

  开发利用情况 双棘黄姑鱼为本土种，是我国21世纪初开发的养殖种，已解决其人工苗种繁育技术。全国共普查到1个繁育主体开展该资源的活体保种和/或苗种生产。

461.棘头梅童鱼（*Collichthys lucidus*）

俗名 大头宝、梅子鱼、大棘头、梅童、小金鳞。

（方增冰 提供）

分类地位 动物界（Animalia）、脊索动物门（Chordata）、硬骨鱼纲（Osteichthyes）、鲈形目（Perciformes）、石首鱼科（Sciaenidae）、梅童鱼属（*Collichthys*）。

地位作用 棘头梅童鱼是我国海水鱼类潜在养殖种。主要用途为食用和药用。

养殖分布 棘头梅童鱼主要在我国浙江等沿海地区养殖。

养殖模式 棘头梅童鱼的养殖水体为海水，主要养殖模式为室内工厂化养殖。

开发利用情况 棘头梅童鱼为本土种，是我国21世纪初开发的养殖种，已解决其人工苗种繁育技术。全国共普查到2个繁育主体开展该资源的活体保种和/或苗种生产。

462. 黄姑鱼"金鳞1号"（*Nibea albiflora*）

俗名 无。

  分类地位 动物界（Animalia）、脊索动物门（Chordata）、硬骨鱼纲（Osteichthyes）、鲈形目（Perciformes）、石首鱼科（Sciaenidae）、黄姑鱼属（*Nibea*）。

  地位作用 黄姑鱼"金鳞1号"为我国培育的第1个黄姑鱼品种，主选性状为生长速度。在相同养殖条件下，该品种养殖18个月时的生长速度和养殖成活率比普通黄姑鱼均提高20%以上，养殖24个月时比普通黄姑鱼均提高24%以上。主要用途为食用和药用（鱼鳔）。

  养殖分布 黄姑鱼"金鳞1号"主要在我国福建等沿海地区养殖。

  养殖模式 黄姑鱼"金鳞1号"的养殖水体为海水，主要养殖模式为网箱养殖。

  开发利用情况 黄姑鱼"金鳞1号"为培育种。由集美大学和福建省宁德市横屿岛水产有限公司联合培育，2016年通过全国水产原种和良种审定委员会审定。

463.管海马（*Hippocampus kuda*）

俗名 库达海马。

（林听听　提供）

分类地位 动物界（Animalia）、脊索动物门（Chordata）、硬骨鱼纲（Osteichthyes）、刺鱼目（Gasterosteiformes）、海龙科（Syngnathidae）、海马属（*Hippocampus*）。

地位作用 管海马是我国海水鱼类药用/观赏种。野外种群列入《国家重点保护野生动物名录》（二级）。主要用途为药用、保护、观赏。

养殖分布 管海马主要在我国福建等沿海地区养殖。

养殖模式 管海马的养殖水体为海水，可在陆基工厂化车间养殖。

开发利用情况 管海马为本土种，已初步解决其人工苗种繁育技术。全国共普查到5个繁育主体开展该资源的活体保种和/或苗种生产。

464.日本海马（*Hippocampus mohnikei*）

俗名 莫氏海马。

（罗刚　提供）

分类地位　动物界（Animalia）、脊索动物门（Chordata）、硬骨鱼纲（Osteichthyes）、刺鱼目（Gasterosteiformes）、海龙科（Syngnathidae）、海马属（*Hippocampus*）。

地位作用　日本海马是我国海水鱼类药用/观赏种。野外种群列入《国家重点保护野生动物名录》（二级）。主要用途为药用、保护、观赏。

养殖分布　日本海马主要在我国黄渤海、南海等沿海地区养殖，包括山东、广东等。

养殖模式　日本海马的养殖水体为海水，主要养殖模式为工厂化养殖，主要为单养。

开发利用情况　日本海马为本土种，广泛分布于我国的黄渤海、东海以及朝鲜和日本近海。20世纪80年代，我国开始探索苗种人工培育。目前已初步解决其人工苗种繁育技术。全国共普查到1个繁育主体开展该资源的活体保种和/或苗种生产。

465.三斑海马（*Hippocampus trimaculatus*）

俗名　海马。

（刘宝锁　提供）

　　分类地位　动物界（Animalia）、脊索动物门（Chordata）、硬骨鱼纲（Osteichthyes）、刺鱼目（Gasterosteiformes）、海龙科（Syngnathidae）、海马属（*Hippocampus*）。

　　地位作用　三斑海马是我国海水鱼类药用/观赏种。野外种群列入《国家重点保护野生动物名录》（二级）。主要用途为药用、保护、观赏。

　　养殖分布　三斑海马主要在我国东海、南海等沿海地区养殖，包括福建、广东、广西、海南等。

　　养殖模式　三斑海马的养殖水体为海水，主要养殖模式为陆基工厂化养殖。

　　开发利用情况　三斑海马为本土种，已解决其人工苗种繁育技术。全国共普查到9个繁育主体开展该资源的活体保种和/或苗种生产。

466.膨腹海马（*Hippocampus abdominalis*）

俗名 大腹海马。

（林昕昕 提供）

分类地位 动物界（Animalia）、脊索动物门（Chordata）、硬骨鱼纲（Osteichthyes）、刺鱼目（Gasterosteiformes）、海龙科（Syngnathidae）、海马属（*Hippocampus*）。

地位作用 膨腹海马是我国引进的海水鱼类药用/观赏种。列入《濒危野生动植物种国际贸易公约》（附录Ⅱ）。主要用途为药用、保护、观赏。

养殖分布 膨腹海马主要在我国东海、黄海、南海等沿海地区养殖，包括福建、山东、广东等。

养殖模式 膨腹海马的养殖水体为人工可控的海水水域，主要养殖模式为工厂化养殖，主要为单养。

开发利用情况 膨腹海马为引进种，自然分布于西南太平洋周围的澳大利亚和新西兰等水域。近年来，我国从澳大利亚引进该品种，已解决其人工苗种繁育技术。全国共普查到2个繁育主体开展该资源的活体保种和/或苗种生产。

467.许氏平鲉（*Sebastes schlegelii*）

俗名 黑鲪、黑头鱼、黑石鲈、黑寨鱼、黑老婆。

（李秀梅　提供）

　　分类地位 动物界（Animalia）、脊索动物门（Chordata）、硬骨鱼纲（Osteichthyes）、鲉形目（Scorpaeniformes）、鲉科（Scorpaenidae）、平鲉属（*Sebastes*）。

　　地位作用 许氏平鲉是我国海水鱼类主养种。主要用途为食用。

　　养殖分布 许氏平鲉主要在我国黄渤海、东海等沿海地区养殖，包括天津、河北、辽宁、江苏、浙江、山东等。

　　养殖模式 许氏平鲉的养殖水体为海水，主要养殖模式包括网箱养殖、工厂化养殖、池塘养殖，主要为单养。

　　开发利用情况 许氏平鲉为本土种，20世纪90年代解决了其人工苗种繁育技术。全国共普查到54个繁育主体开展该资源的活体保种和/或苗种生产。

468.绿鳍马面鲀 (*Thamnaconus septentrionalis*)

俗名 扒皮鱼、面包鱼、马面鱼、象皮鱼、烧烧鱼、老鼠鱼等。

（边力　提供）

分类地位 动物界（Animalia）、脊索动物门（Chordata）、硬骨鱼纲（Osteichthyes）、鲀形目（Tetraodontiformes）、单角鲀科（Monacanthidae）、马面鲀属（*Thamnaconus*）。

地位作用 绿鳍马面鲀是我国海水鱼类主养种。主要用途为食用。

养殖分布 绿鳍马面鲀主要在我国黄渤海、东海等沿海地区养殖，包括江苏、浙江、福建、山东等。

养殖模式 绿鳍马面鲀的养殖水体为海水，主要养殖模式包括网箱养殖、工厂化养殖，主要为单养，也可混养。

开发利用情况 绿鳍马面鲀为本土种，人工苗种繁育技术在21世纪初获得突破。全国共普查到19个繁育主体开展该资源的活体保种和/或苗种生产。

469.斑尾刺虾虎鱼（*Acanthogobius ommaturus*）

俗名 虾虎鱼、地龙鱼、沙光鱼、推浪鱼。

[上海市水产研究所（上海市水产技术推广站） 提供]

分类地位 动物界（Animalia）、脊索动物门（Chordata）、硬骨鱼纲（Osteichthyes）、鲈形目（Perciformes）、虾虎科（Gobiidae）、刺虾虎属（*Acanthogobius*）。

地位作用 斑尾刺虾虎鱼是我国海水鱼类区域特色养殖种。主要用途为食用。

养殖分布 斑尾刺虾虎鱼主要在我国上海等沿海地区养殖。

养殖模式 斑尾刺虾虎鱼的养殖水体为海水、半咸水，主要养殖模式为池塘养殖，主要为单养。

开发利用情况 斑尾刺虾虎鱼为本土种，21世纪头十年解决了其人工苗种繁育技术。全国共普查到1个繁育主体开展该资源的活体保种和/或苗种生产。

472.黄唇鱼（*Bahaba taipingensis*）

俗名 金钱鮸、大鸥、白花、排口白花、尖头白花。

（颜阔秋 提供）

分类地位 动物界（Animalia）、脊索动物门（Chordata）、硬骨鱼纲（Osteichthyes）、鲈形目（Perciformes）、石首鱼科（Sciaenidae）、黄唇鱼属（*Bahaba*）。

地位作用 黄唇鱼是我国海水鱼类珍稀保护种，列入《国家重点保护野生动物名录》（一级）。主要用途为保护。

养殖分布 黄唇鱼主要在我国广东等沿海地区养殖。

养殖模式 黄唇鱼的养殖水体为海水、半咸水，目前主要养殖模式包括工厂化养殖、池塘养殖，主要为单养。

开发利用情况 黄唇鱼为本土种，已初步解决其人工苗种繁育技术。

473.大弹涂鱼（*Boleophthalmus pectinirostris*）

俗名 花跳鱼、跳跳鱼。

（陈江源 提供）

分类地位 动物界（Animalia）、脊索动物门（Chordata）、硬骨鱼纲（Osteichthyes）、鲈形目（Perciformes）、虾虎鱼科（Gobiidae）、大弹涂鱼属（*Boleophthalmus*）。

地位作用 大弹涂鱼是我国海水鱼类潜在养殖种。主要用途为食用和药用。

养殖分布 大弹涂鱼主要在我国东海、南海等沿海地区养殖，包括福建、广东、广西等。

养殖模式 大弹涂鱼的养殖水体为海水，主要养殖模式为池塘养殖，可单养，也可混养。

开发利用情况 大弹涂鱼为本土种，是我国21世纪初开发的养殖种，已解决其人工苗种繁育技术。

474. 中华乌塘鳢（*Bostrychus sinensis*）

俗名 乌塘鳢、文鱼、乌鱼、蟹虎、蚂虎、土鱼、泥鱼、杜鳗。

（方增冰 提供）

分类地位 动物界（Animalia）、脊索动物门（Chordata）、硬骨鱼纲（Osteichthyes）、鲈形目（Perciformes）、塘鳢科（Eleotridae）、乌塘鳢属（*Bostrychus*）。

地位作用 中华乌塘鳢是我国海水鱼类区域特色养殖种。主要用途为食用。

养殖分布 中华乌塘鳢主要在我国东海、南海等沿海地区养殖，包括福建、广西等。

养殖模式 中华乌塘鳢的养殖水体为海水，主要养殖模式为池塘养殖，主要为单养。

开发利用情况 中华乌塘鳢为本土种，是我国20世纪80年代开发的养殖种，90年代解决了其人工苗种繁育技术。全国共普查到2个繁育主体开展该资源的活体保种和/或苗种生产。

475.珍鲹（*Caranx ignobilis*）

俗名 白面弄鱼、浪人鲹。

（陈江源 提供）

分类地位 动物界（Animalia）、脊索动物门（Chordata）、硬骨鱼纲（Osteichthyes）、鲈形目（Perciformes）、鲹科（Carangidae）、鲹属（*Caranx*）。

地位作用 珍鲹是我国海水鱼类潜在养殖种。主要用途为食用。

养殖分布 珍鲹主要在我国海南等沿海地区养殖。

养殖模式 珍鲹的养殖水体为海水，主要养殖模式为网箱养殖。

开发利用情况 珍鲹为本土种，是我国20世纪90年代开发的养殖种，已解决其人工苗种繁育技术。

476.条纹锯鮨（*Centropristis striata*）

俗名 美洲黑石斑、黑锯鮨。

（柳敏海　提供）

分类地位　动物界（Animalia）、脊索动物门（Chordata）、硬骨鱼纲（Osteichthyes）、鲈形目（Perciformes）、鮨科（Serranidae）、锯鮨属（*Centropristis*）。

地位作用　条纹锯鮨是我国引进的海水鱼类区域特色养殖种。主要用途为食用和观赏。

养殖分布　条纹锯鮨主要在我国黄海、东海等沿海地区养殖，包括浙江、福建、山东等。

养殖模式　条纹锯鮨的养殖水体为人工可控的海水水域，主要养殖模式为深水网箱养殖。

开发利用情况　条纹锯鮨为引进种，2003年引进我国，目前已初步解决其人工苗种繁育技术。全国共普查到2个繁育主体开展该资源的活体保种和/或苗种生产。

477.虱目鱼（*Chanos chanos*）

俗名　遮目鱼、海草鱼、牛奶鱼、状元鱼、安平鱼、麻虱目、塞目鱼。

（陈江源　提供）

分类地位　动物界（Animalia）、脊索动物门（Chordata）、硬骨鱼纲（Osteichthyes）、鼠鱚目（Gonorhynchiformes）、遮目鱼科（Chanidae）、遮目鱼属（*Chanos*）。

地位作用　虱目鱼是我国海水鱼类区域特色养殖种。主要用途为食用。

养殖分布　虱目鱼主要在我国广东等沿海地区养殖。

养殖模式　虱目鱼的养殖水体为海水、半咸水，主要养殖模式包括池塘养殖、网箱养殖，主要为单养。

开发利用情况　虱目鱼为本土种，20世纪80年代解决了其人工苗种繁育技术。

478.星康吉鳗（*Conger myriaster*）

俗名 星鳗、繁星糯鳗、花点糯鳗、沙鳗、鳝鱼。

（方增冰 提供）

分类地位 动物界（Animalia）、脊索动物门（Chordata）、硬骨鱼纲（Osteichthyes）、鳗鲡目（Anguilliformes）、康吉鳗科（Congridae）、康吉鳗属（*Conger*）。

地位作用 星康吉鳗是我国海水鱼类潜在养殖种。主要用途为食用。

养殖分布 星康吉鳗主要在我国山东等沿海地区养殖。

养殖模式 星康吉鳗的养殖水体为海水，主要养殖模式包括工厂化养殖、池塘养殖，主要为单养。

开发利用情况 星康吉鳗为本土种，人工苗种繁育技术尚未突破，人工养殖主要依靠采集野生苗种。

479.三线舌鳎（*Cynoglossus trigrammus*）

俗名 三线龙舌鱼、三线鳎。

（牟希东 提供）

  分类地位 动物界（Animalia）、脊索动物门（Chordata）、硬骨鱼纲（Osteichthyes）、鲽形目（Pleuronectiformes）、舌鳎科（Cynoglossidae）、舌鳎属（*Cynoglossus*）。

  地位作用 三线舌鳎是我国海水鱼类潜在养殖种。主要用途为食用。

  养殖分布 三线舌鳎主要在我国广东等沿海地区养殖。

  养殖模式 三线舌鳎的适宜养殖水体为海水、半咸水，适宜养殖模式包括池塘养殖、工厂化养殖。

  开发利用情况 三线舌鳎为本土种，人工苗种繁育技术尚未突破。

480.蓝圆鲹（*Decapterus maruadsi*）

俗名 巴浪鱼、池鱼、棍子鱼、黄占。

（张楠 提供）

分类地位 动物界（Animalia）、脊索动物门（Chordata）、硬骨鱼纲（Osteichthyes）、鲈形目（Perciformes）、鲹科（Carangidae）、圆鲹属（*Decapterus*）。

地位作用 蓝圆鲹是我国海水鱼类区域特色养殖种。主要用途为食用。

养殖分布 蓝圆鲹主要在我国东海、南海等沿海地区养殖，包括辽宁、福建、广东等。

养殖模式 蓝圆鲹的养殖水体为海水，主要养殖模式为网箱养殖，主要为单养。

开发利用情况 蓝圆鲹为本土种，已初步解决其人工苗种繁育技术。

481.六斑刺鲀（*Diodon holocanthus*）

俗名　六斑二齿鲀、刺鲀、气瓜仔、刺规。

（岳彦峰　提供）

　　分类地位　动物界（Animalia）、脊索动物门（Chordata）、硬骨鱼纲（Osteichthyes）、鲀形目（Tetraodontiformes）、刺鲀科（Diodontidae）、刺鲀属（*Diodon*）。

　　地位作用　六斑刺鲀是我国海水鱼类观赏种。主要用途为食用、观赏等。

　　养殖分布　六斑刺鲀主要在我国海南等沿海地区养殖。

　　养殖模式　六斑刺鲀的养殖水体为海水，主要养殖模式包括池塘养殖、工厂化养殖，主要为单养。

　　开发利用情况　六斑刺鲀为本土种，已解决其人工苗种繁育技术。全国共普查到2个繁育主体开展该资源的活体保种和/或苗种生产。

484.清水石斑鱼（*Epinephelus polyphekadion*）

俗名 杉斑石斑鱼、小牙石斑鱼。

（丁少雄 提供）

分类地位 动物界（Animalia）、脊索动物门（Chordata）、硬骨鱼纲（Osteichthyes）、鲈形目（Perciformes）、石斑鱼科（Epinephelidae）、石斑鱼属（*Epinephelus*）。

地位作用 清水石斑鱼是我国海水鱼类潜在养殖种。主要用途为食用。

养殖分布 清水石斑鱼主要在我国南海等沿海地区养殖，包括福建、广东、广西、海南等。

养殖模式 清水石斑鱼的养殖水体为海水，主要养殖模式包括池塘养殖、工厂化养殖，主要为单养。

开发利用情况 清水石斑鱼为本土种，已初步解决其人工苗种繁育技术，有单位将其作为亲本之一开展了杂交育种的研究。全国共普查到1个繁育主体开展该资源的活体保种和/或苗种生产。

485. 巨石斑鱼（*Epinephelus tauvina*）

俗名 鲈滑石斑、猪羔斑。

（丁少雄 提供）

  分类地位 动物界（Animalia）、脊索动物门（Chordata）、硬骨鱼纲（Osteichthyes）、鲈形目（Perciformes）、石斑鱼科（Epinephelidae）、石斑鱼属（*Epinephelus*）。

  地位作用 巨石斑鱼是我国海水鱼类潜在养殖种。主要用途为食用。

  养殖分布 巨石斑鱼主要在我国南海等沿海地区养殖，包括广东、海南等。

  养殖模式 巨石斑鱼的养殖水体为海水，主要养殖模式包括池塘养殖、网箱养殖、工厂化养殖，主要为单养。

  开发利用情况 巨石斑鱼为本土种，已解决其人工苗种繁育技术。

486. 蓝身大斑石斑鱼（*Epinephelus tukula*）

俗名 金钱斑。

（田永胜 提供）

分类地位 动物界（Animalia）、脊索动物门（Chordata）、硬骨鱼纲（Osteichthyes）、鲈形目（Perciformes）、石斑鱼科（Epinephelidae）、石斑鱼属（*Epinephelus*）。

地位作用 蓝身大斑石斑鱼是我国海水鱼类潜在养殖种。主要用途为食用、观赏。

养殖分布 蓝身大斑石斑鱼主要在我国南海等沿海地区养殖，包括广东、海南等。

养殖模式 蓝身大斑石斑鱼的养殖水体为海水，主要养殖模式包括池塘养殖、工厂化养殖，主要为单养。

开发利用情况 蓝身大斑石斑鱼为本土种，已解决其人工苗种繁育技术。国内已开展蓝身大斑石斑鱼与其他石斑鱼类的杂交并取得成功。全国共普查到3个繁育主体开展该资源的活体保种和/或苗种生产。

487.黄鹂无齿鲹（*Gnathanodon speciosus*）

俗名 黄金鲹。

（陈江源　提供）

分类地位 动物界（Animalia）、脊索动物门（Chordata）、硬骨鱼纲（Osteichthyes）、鲈形目（Perciformes）、鲹科（Carangidae）、无齿鲹属（*Gnathanodon*）。

地位作用 黄鹂无齿鲹是我国海水鱼类观赏种。主要用途为食用和观赏。

养殖分布 黄鹂无齿鲹主要在我国海南等沿海地区养殖。

养殖模式 黄鹂无齿鲹的养殖水体为海水，主要养殖模式为网箱养殖。

开发利用情况 黄鹂无齿鲹为本土种，已解决其人工苗种繁育技术。

488.黑鳍髭鲷（*Hapalogenys nigripinnis*）

俗名 斜带髭鲷、黑包公、铜盆鱼。

（单斌斌　提供）

分类地位 动物界（Animalia）、脊索动物门（Chordata）、硬骨鱼纲（Osteichthyes）、鲈形目（Perciformes）、仿石鲈科（Haemulidae）、髭鲷属（*Hapalogenys*）。

地位作用 黑鳍髭鲷是我国海水鱼类潜在养殖种。主要用途为食用和药用。

养殖分布 黑鳍髭鲷主要在我国南海等沿海地区养殖，包括浙江、福建、广东、广西等。

养殖模式 黑鳍髭鲷的养殖水体为海水，主要养殖模式为网箱养殖。

开发利用情况 黑鳍髭鲷为本土种，是我国20世纪90年代开发的养殖种，并于90年代末解决了其人工苗种繁育技术。全国共普查到2个繁育主体开展该资源的活体保种和/或苗种生产。

489.大泷六线鱼（*Hexagrammos otakii*）

俗名 黄鱼、黄棒子、欧氏六线鱼。

（胡发文　提供）

  分类地位 动物界（Animalia）、脊索动物门（Chordata）、硬骨鱼纲（Osteichthyes）、鲉形目（Scorpaeniformes）、六线鱼科（Hexagrammidae）、六线鱼属（*Hexagrammos*）。

  地位作用 大泷六线鱼是我国海水鱼类区域特色养殖种。主要用途为食用。

  养殖分布 大泷六线鱼主要在我国黄渤海等沿海地区养殖，包括天津、山东等。

  养殖模式 大泷六线鱼的养殖水体为海水，主要养殖模式包括网箱养殖、工厂化养殖，主要为单养。

  开发利用情况 大泷六线鱼为本土种，已解决其人工苗种繁育技术。全国共普查到11个繁育主体开展该资源的活体保种和/或苗种生产。

506.圆眼燕鱼（*Platax orbicularis*）

俗名　圆燕鱼、蝙蝠鱼、鲳仔、圆海燕、圆蝙蝠。

（张金海　提供）

分类地位　动物界（Animalia）、脊索动物门（Chordata）、硬骨鱼纲（Osteichthyes）、鲈形目（Perciformes）、白鲳科（Ephippidae）、燕鱼属（*Platax*）。

地位作用　圆眼燕鱼是我国海水鱼类观赏种。主要用途为观赏，也可食用。

养殖分布　圆眼燕鱼主要在我国山东等沿海地区养殖。

养殖模式　圆眼燕鱼的养殖水体为海水、半咸水，主要养殖模式包括池塘养殖、水族养殖。

开发利用情况　圆眼燕鱼为本土种，是具有较高经济价值的观赏鱼类，已解决其人工苗种繁育技术。

507.尖翅燕鱼（*Platax teira*）

俗名 蝙蝠鱼。

（罗刚 提供）

分类地位 动物界（Animalia）、脊索动物门（Chordata）、硬骨鱼纲（Osteichthyes）、鲈形目（Perciformes）、白鲳科（Ephippidae）、燕鱼属（*Platax*）。

地位作用 尖翅燕鱼是我国海水鱼类观赏种。主要用途为观赏。

养殖分布 尖翅燕鱼主要在我国南海等沿海地区养殖，包括山东、广西、海南等。

养殖模式 尖翅燕鱼的养殖水体为海水，主要养殖模式包括网箱养殖、池塘养殖、工厂化养殖。

开发利用情况 尖翅燕鱼为本土种，属于有较高经济价值的观赏鱼类，是我国21世纪初开发的养殖种，已初步解决其人工苗种繁育技术。

508.石鲽（*Platichthys bicoloratus*）

俗名　石夹、石夹子、石板、石江、石镜、二色鲽。

（王滨　提供）

分类地位　动物界（Animalia）、脊索动物门（Chordata）、硬骨鱼纲（Osteichthyes）、鲽形目（Pleuronectiformes）、鲽科（Pleuronectidae）、川鲽属（*Platichthys*）。

地位作用　石鲽是我国海水鱼类区域特色养殖种。主要用途为食用。

养殖分布　石鲽主要在我国山东等沿海地区养殖。

养殖模式　石鲽的养殖水体为海水，主要养殖模式包括工厂化养殖、网箱养殖，主要为单养。

开发利用情况　石鲽为本土种，已解决其人工苗种繁育技术。

509.星斑川鲽（*Platichthys stellatus*）

俗名 星突江鲽、珍珠鲽、江鲽、棘鲽、星点石鲽。

（徐永江 提供）

  分类地位 动物界（Animalia）、脊索动物门（Chordata）、硬骨鱼纲（Osteichthyes）、鲽形目（Pleuronectiformes）、鲽科（Pleuronectidae）、川鲽属（*Platichthys*）。

  地位作用 星斑川鲽是我国海水鱼类区域特色养殖种。主要用途为食用。

  养殖分布 星斑川鲽主要在我国黄渤海等沿海地区养殖，包括山东、江苏等。

  养殖模式 星斑川鲽的养殖水体为海水、半咸水，主要养殖模式包括工厂化养殖、池塘养殖，主要为单养。

  开发利用情况 星斑川鲽为本土种，已解决其人工苗种繁育技术。全国共普查到3个繁育主体开展该资源的活体保种和/或苗种生产。

510.驼背胡椒鲷（*Plectorhinchus gibbosus*）

俗名 驼背石鲈、打铁婆。

（刘宝锁　提供）

分类地位 动物界（Animalia）、脊索动物门（Chordata）、硬骨鱼纲（Osteichthyes）、鲈形目（Perciformes）、石鲈科（Haemulidae）、胡椒鲷属（*Plectorhinchus*）。

地位作用 驼背胡椒鲷是我国海水鱼类潜在养殖种。主要用途为食用。

养殖分布 驼背胡椒鲷主要在我国东海、南海等沿海地区养殖，包括福建、广东等。

养殖模式 驼背胡椒鲷的养殖水体为海水，主要养殖模式为网箱养殖。

开发利用情况 驼背胡椒鲷为本土种，目前尚处于养殖开发初期。

511.大斑石鲈（*Pomadasys maculatus*）

俗名 石鲈、头鲈、猴鲈、海猴。

（单斌斌 提供）

分类地位 动物界（Animalia）、脊索动物门（Chordata）、硬骨鱼纲（Osteichthyes）、鲈形目（Perciformes）、石鲈科（Haemulidae）、石鲈属（*Pomadasys*）。

地位作用 大斑石鲈是我国海水鱼类潜在养殖种。主要用途为食用。

养殖分布 大斑石鲈主要在我国南海等沿海地区养殖，包括福建、广东等。

养殖模式 大斑石鲈适宜养殖水体为海水，主要养殖模式为网箱养殖。

开发利用情况 大斑石鲈为本土种，目前尚处于养殖开发初期。

516.褐菖鲉（*Sebastiscus marmoratus*）

俗名 石狗公（广东）、虎头鱼（江浙）、石翁（福建）、石九公（日照、青岛）。

（谌微　提供）

分类地位 动物界（Animalia）、脊索动物门（Chordata）、硬骨鱼纲（Osteichthyes）、鲉形目（Scorpaeniformes）、鲉科（Scorpaenidae）、菖鲉属（*Sebastiscus*）。

地位作用 褐菖鲉是我国海水鱼类潜在养殖种。主要用途为食用。

养殖分布 褐菖鲉主要在我国东海等沿海地区养殖，包括上海、浙江等。

养殖模式 褐菖鲉的养殖水体为海水，主要养殖模式包括池塘养殖、工厂化养殖，主要为单养。

开发利用情况 褐菖鲉为本土种，是卵胎生的小型经济鱼类。已初步解决其人工苗种繁育技术。全国共普查到3个繁育主体开展该资源的活体保种和/或苗种生产。

517.多纹钱蝶鱼（*Selenotoca multifasciata*）

俗名 银鼓鱼。

（李晨 提供）

分类地位 动物界（Animalia）、脊索动物门（Chordata）、硬骨鱼纲（Osteichthyes）、刺尾鱼目（Acanthuriformes）、金钱鱼科（Scatophagidae）、钱蝶鱼属（*Selenotoca*）。

地位作用 多纹钱蝶鱼是我国海水鱼类区域特色养殖种。主要用途为食用和观赏。

养殖分布 多纹钱蝶鱼主要在我国东海、南海等沿海地区养殖，包括浙江、广东、广西、海南等。

养殖模式 多纹钱蝶鱼的养殖水体为海水，主要养殖模式包括网箱养殖、池塘养殖、虾塘套养等。

开发利用情况 多纹钱蝶鱼为本土种，是我国21世纪开发的养殖种，已解决其人工苗种繁育技术。全国共普查到5个繁育主体开展该资源的活体保种和/或苗种生产。

518.黄斑篮子鱼（*Siganus canaliculatus*）

俗名 泥猛、臭肚、长鳍篮子鱼。

（陈海进　提供）

    分类地位 动物界（Animalia）、脊索动物门（Chordata）、硬骨鱼纲（Osteichthyes）、鲈形目（Perciformes）、篮子鱼科（Siganidae）、篮子鱼属（*Siganus*）。

    地位作用 黄斑篮子鱼是我国海水鱼类区域特色养殖种。主要用途为食用和观赏。

    养殖分布 黄斑篮子鱼主要在我国南海、东海等沿海地区养殖，包括福建、广东、海南等。

    养殖模式 黄斑篮子鱼的养殖水体为海水，主要养殖模式包括池塘养殖、网箱养殖。

    开发利用情况 黄斑篮子鱼为本土种，21世纪初步解决了其人工苗种繁育技术。全国共普查到2个繁育主体开展该资源的活体保种和/或苗种生产。

519.褐篮子鱼（*Siganus fuscescens*）

俗名 臭肚、象鱼、泥猛。

（方增冰 提供）

分类地位 动物界（Animalia）、脊索动物门（Chordata）、硬骨鱼纲（Osteichthyes）、鲈形目（Perciformes）、篮子鱼科（Siganidae）、篮子鱼属（*Siganus*）。

地位作用 褐篮子鱼是我国海水鱼类区域特色养殖种。主要用途为食用、生态。

养殖分布 褐篮子鱼主要在我国南海、东海等沿海地区养殖，包括福建、广东、广西等。

养殖模式 褐篮子鱼的养殖水体为海水，主要养殖模式包括网箱养殖、工厂化养殖、池塘养殖等。

开发利用情况 褐篮子鱼为本土种，21世纪初解决了其人工苗种繁育技术。全国共普查到1个繁育主体开展该资源的活体保种和/或苗种生产。

520. 点斑篮子鱼（*Siganus guttatus*）

俗名 曲石鱼、点篮子鱼、星臭都鱼。

（谌微 提供）

分类地位 动物界（Animalia）、脊索动物门（Chordata）、硬骨鱼纲（Osteichthyes）、鲈形目（Perciformes）、篮子鱼科（Siganidae）、篮子鱼属（*Siganus*）。

地位作用 点斑篮子鱼是我国海水鱼类区域特色养殖种。主要用途为食用。

养殖分布 点斑篮子鱼主要在我国南海、东海等沿海地区养殖，包括福建、广东、广西、海南等。

养殖模式 点斑篮子鱼的养殖水体为海水，主要养殖模式包括网箱养殖、工厂化养殖、池塘养殖等。

开发利用情况 点斑篮子鱼为本土种，是我国20世纪90年代开发的养殖种，21世纪初解决了其人工苗种繁育技术。

521.多鳞鱚（*Sillago sihama*）

俗名 沙鲮、沙钻、沙锥鱼。

（刘康 提供）

分类地位 动物界（Animalia）、脊索动物门（Chordata）、硬骨鱼纲（Osteichthyes）、鲈形目（Perciformes）、鱚科（Sillaginidae）、鱚属（*Sillago*）。

地位作用 多鳞鱚是我国海水鱼类潜在养殖种。主要用途为食用。

养殖分布 多鳞鱚主要在我国广西等沿海地区养殖。

养殖模式 多鳞鱚的养殖水体为海水，主要养殖模式为池塘养殖，以单养为主。

开发利用情况 多鳞鱚为本土种，是我国21世纪初开发的养殖种，已初步解决其人工苗种繁育技术。

522.星点东方鲀（*Takifugu niphobles*）

俗名 星点河鲀、龟鱼。

（陈江源　提供）

分类地位　动物界（Animalia）、脊索动物门（Chordata）、硬骨鱼纲（Osteichthyes）、鲀形目（Tetraodontiformes）、鲀科（Tetraodontidae）、东方鲀属（*Takifugu*）。

地位作用　星点东方鲀是我国海水鱼类潜在养殖种。主要用途为观赏。

养殖分布　星点东方鲀主要在我国河北等沿海地区养殖。

养殖模式　星点东方鲀的养殖水体为海水，主要养殖模式包括池塘养殖等。

开发利用情况　星点东方鲀为本土种，是我国20世纪80年代开发的养殖种，已解决其人工苗种繁育技术。

523.弓斑东方鲀（*Takifugu ocellatus*）

俗名 鸡泡、抱锅、河鲀、眼镜娃娃。

（韩圣磊 提供）

分类地位 动物界（Animalia）、脊索动物门（Chordata）、硬骨鱼纲（Osteichthyes）、鲀形目（Tetraodontiformes）、鲀科（Tetraodontidae）、东方鲀属（*Takifugu*）。

地位作用 弓斑东方鲀是我国海水鱼类观赏种。主要用途为观赏。

养殖分布 弓斑东方鲀主要在我国福建等沿海地区养殖。

养殖模式 弓斑东方鲀的养殖水体为半咸水，主要养殖模式包括池塘养殖等。

开发利用情况 弓斑东方鲀为本土种，是我国20世纪80年代开发的养殖种，已解决其人工苗种繁育技术。

524.花身鯻（*Terapon jarbua*）

俗名 丁公鱼、花身仔、斑猪、斑吾、茂公、唱歌婆、花身鸡、鸡仔鱼、三抓仔、海黄蜂、四线鸡鱼。

（张楠 提供）

分类地位 动物界（Animalia）、脊索动物门（Chordata）、硬骨鱼纲（Osteichthyes）、鲈形目（Perciformes）、鯻科（Terapontidae）、鯻属（*Terapon*）。

地位作用 花身鯻是我国海水鱼类区域特色养殖种。主要用途为食用。

养殖分布 花身鯻主要在我国南海等沿海地区养殖，包括广东、广西等。

养殖模式 花身鯻的养殖水体为海水，主要养殖模式包括池塘养殖等。

开发利用情况 花身鯻为本土种，是我国20世纪90年代开发的养殖种。

525.鯻（*Terapon theraps*）

俗名 花身仔、斑吾、鸡仔鱼、三抓仔。

（马春艳　提供）

分类地位 动物界（Animalia）、脊索动物门（Chordata）、硬骨鱼纲（Osteichthyes）、太阳鱼目（Centrarchiformes）、鯻科（Terapontidae）、鯻属（*Terapon*）。

地位作用 鯻是我国海水鱼类潜在养殖种。主要用途为食用。

养殖分布 鯻主要在我国广东等沿海地区养殖。

养殖模式 鯻的养殖水体为海水，主要养殖模式为池塘养殖。

开发利用情况 鯻为本土种，目前尚处于养殖开发初期。

530. 凡纳滨对虾"中兴1号"
（*Litopenaeus vannamei*）

俗名 中兴1号、南美白对虾、白对虾、白肢虾。

分类地位 动物界（Animalia）、节肢动物门（Arthropoda）、软甲纲（Malacostraca）、十足目（Decapoda）、对虾科（Penaeidae）、滨对虾属（*Litopenaeus*）。

地位作用 凡纳滨对虾"中兴1号"是我国自主培育的第1批凡纳滨对虾品种，主选性状为白斑综合征病毒抗性。与夏威夷引进的凡纳滨对虾相比，抗病评价指数高47.22%，养殖成活率提高约20%。主要用途为食用。

养殖分布 凡纳滨对虾"中兴1号"主要在我国华南、华北、华东等地区养殖，包括天津、河北、山西、内蒙古、辽宁、上海、江苏、山东、湖北、湖南、广东、广西、四川、新疆等。

养殖模式 凡纳滨对虾"中兴1号"养殖水体为人工可控的海水、半咸水水域，主要养殖模式包括池塘养殖、工厂化养殖等，主要为单养，也可作为主养对象与花鲈、拟穴青蟹等混养。

开发利用情况 凡纳滨对虾"中兴1号"为培育种，由中山大学和广东恒兴饲料实业股份有限公司合作选育，2010年通过全国水产原种和良种审定委员会审定。全国共普查到6个繁育主体开展该资源的活体保种和/或苗种生产。

531. 凡纳滨对虾"科海1号"
(*Litopenaeus vannamei*)

俗名 科海1号、南美白对虾、白对虾、白肢虾。

分类地位 动物界(Animalia)、节肢动物门(Arthropoda)、软甲纲(Malacostraca)、十足目(Decapoda)、对虾科(Penaeidae)、滨对虾属(*Litopenaeus*)。

地位作用 凡纳滨对虾"科海1号"是我国自主培育的第1批凡纳滨对虾品种,主选性状为生长速度。与当地养殖的商业苗种相比,在120万尾/hm²、150万尾/hm²、180万尾/hm²、210万尾/hm²的养殖条件下,养殖100d,平均体重分别增加12.6%、23.6%、25.7%和41.7%,养殖成活率分别提高3.0%、7.0%、8.6%和14.0%。主要用途为食用。

养殖分布 凡纳滨对虾"科海1号"主要在我国华北、华东、华南等地区养殖,包括天津、河北、内蒙古、辽宁、江苏、山东、河南、湖北、湖南、广东、广西、海南、四川、陕西宁夏等。

养殖模式 凡纳滨对虾"科海1号"养殖水体为人工可控的海水、半咸水水域,主要养殖模式包括池塘养殖、工厂化养殖等,主要为单养,也可作为主养对象与其他水产动物混养。

开发利用情况 凡纳滨对虾"科海1号"为培育种,由中国科学院海洋研究所、西北农林科技大学和海南东方中科海洋生物育种有限公司共同选育,2010年通过全国水产原种和良种审定委员会审定。将该品种作为基础群体之一培育了凡纳滨对虾"广泰1号"品种。全国共普查到13个繁育主体开展该资源的活体保种和/或苗种生产。

532.凡纳滨对虾"中科1号"
（*Litopenaeus vannamei*）

俗名 中科1号、南美白对虾、白对虾、白肢虾。

分类地位 动物界（Animalia）、节肢动物门（Arthropoda）、软甲纲（Malacostraca）、十足目（Decapoda）、对虾科（Penaeidae）、滨对虾属（*Litopenaeus*）。

地位作用 凡纳滨对虾"中科1号"是我国自主培育的第1批凡纳滨对虾品种，主选性状为生长速度。与普通品种相比，生长速度提高21.8%。主要用途为食用。

养殖分布 凡纳滨对虾"中科1号"主要在我国华东、华南、华北等地区养殖，包括天津、河北、山西、辽宁、上海、江苏、浙江、安徽、江西、山东、湖北、湖南、广东、广西、重庆、四川、云南、甘肃、新疆等。

养殖模式 凡纳滨对"中科1号"的养殖水体为人工可控的海水、半咸水水域，主要养殖模式包括池塘养殖、工厂化养殖等，主要为单养，也可作为主养对象与花鲈、拟穴青蟹等混养。

开发利用情况 凡纳滨对虾"中科1号"为培育种，由中国科学院南海海研究所、湛江市东海岛东方实业有限公司、湛江海茂水产科技有限公司以及广东广垦水产发展有限公司联合选育，2010年通过全国水产原种和良种审定委员会审定。将该品种作为基础群体之一培育了凡纳滨对虾"正金阳1号"品种。全国共普查到3个繁育主体开展该资源的活体保种和/或苗种生产。

533.凡纳滨对虾"桂海1号"
(*Litopenaeus vannamei*)

俗名 桂海1号、南美白对虾、白对虾、白肢虾。

分类地位 动物界（Animalia）、节肢动物门（Arthropoda）、软甲纲（Malacostraca）、十足目（Decapoda）、对虾科（Penaeidae）、滨对虾属（*Litopenaeus*）。

地位作用 凡纳滨对虾"桂海1号"是我国自主培育的凡纳滨对虾品种，主选性状为生长速度和成活率。在75万尾/hm²的放养密度下，与从美国进口种虾生产的一代虾苗相比，该品种单造667m²产量提高13.97%；养殖成活率达81%，提高11.32%以上；85日龄后展现出明显生长优势，130日龄平均体重提高15%以上。主要用途为食用。

养殖分布 凡纳滨对虾"桂海1号"主要在我国华东、华南、华北等地区养殖，包括天津、江苏、山东、湖南、广东、广西等。

养殖模式 凡纳滨对虾"桂海1号"的养殖水体为人工可控的海水、半咸水水域，主要养殖模式包括池塘养殖、工厂化养殖等，主要为单养，也可作为主养对象与其他水产动物混养。

开发利用情况 凡纳滨对虾"桂海1号"为培育种，由广西壮族自治区水产研究所选育，2012年通过全国水产原种和良种审定委员会审定。全国共普查到4个繁育主体开展该资源的活体保种和/或苗种生产。

534.凡纳滨对虾"壬海1号"
（*Litopenaeus vannamei*）

俗名 壬海1号、南美白对虾、白对虾、白肢虾。

分类地位 动物界（Animalia）、节肢动物门（Arthropoda）、软甲纲（Malacostraca）、十足目（Decapoda）、对虾科（Penaeidae）、滨对虾属（*Litopenaeus*）。

地位作用 凡纳滨对虾"壬海1号"是我国自主培育的凡纳滨对虾品种，主选性状为生长速度。在相同养殖条件下，160日龄平均体重比进口一代苗提高21.0%，养殖成活率提高13.0%以上。主要用途为食用。

养殖分布 凡纳滨对虾"壬海1号"主要在我国华东、华北、华南等地区养殖，包括河北、辽宁、江苏、浙江、山东、湖南、广东、广西、新疆等。

养殖模式 凡纳滨对虾"壬海1号"的养殖水体为人工可控的海水、半咸水水域，主要养殖模式包括池塘养殖、工厂化养殖等，主要为单养，也可作为主养对象与花鲈、拟穴青蟹等混养。

开发利用情况 凡纳滨对虾"壬海1号"为培育种，由中国水产科学研究院黄海水产研究所与青岛海壬水产种业科技有限公司联合选育，2014年通过全国水产原种和良种审定委员会审定。全国共普查到1个繁育主体开展该资源的活体保种和/或苗种生产。

535. 凡纳滨对虾"广泰1号"
(*Litopenaeus vannamei*)

俗名 广泰1号、南美白对虾、白对虾、白肢虾。

分类地位 动物界（Animalia）、节肢动物门（Arthropoda）、软甲纲（Malacostraca）、十足目（Decapoda）、对虾科（Penaeidae）、滨对虾属（*Litopenaeus*）。

地位作用 凡纳滨对虾"广泰1号"是我国自主培育的凡纳滨对虾品种，是在凡纳滨对虾"科海1号"的基础上引入多个新种质选育而成，主选性状是生长速度和成活率。在相同养殖条件下，与美国对虾改良系统有限公司虾苗相比，120日龄虾生长速度平均提高16%，成活率平均提高30%。主要用途为食用。

养殖分布 凡纳滨对虾"广泰1号"主要在我国华东、华南、华北等地区养殖，包括天津、河北、山西、内蒙古、辽宁、江苏、安徽、福建、江西、山东、湖北、湖南、广东、广西、海南、重庆、四川、贵州、云南、陕西、宁夏、新疆等。

养殖模式 凡纳滨对虾"广泰1号"养殖水体为人工可控的海水、半咸水水域，主要养殖模式包括池塘养殖、工厂化养殖等，主要为单养，也可作为主养对象与其他水产动物混养。

开发利用情况 凡纳滨对虾"广泰1号"为培育种，由中国科学院海洋研究所、西北农林科技大学和海南广泰海洋育种有限公司联合选育，2016年通过全国水产原种和良种审定委员会审定。全国共普查到11个繁育主体开展该资源的活体保种和/或苗种生产。

536.凡纳滨对虾"海兴农2号"
（*Litopenaeus vannamei*）

俗名　海兴农2号、南美白对虾、白对虾、白肢虾。

分类地位　动物界（Animalia）、节肢动物门（Arthropoda）、软甲纲（Malacostraca）、十足目（Decapoda）、对虾科（Penaeidae）、滨对虾属（*Litopenaeus*）。

地位作用　凡纳滨对虾"海兴农2号"是我国自主培育的凡纳滨对虾品种，主选性状为生长速度和成活率。在相同养殖条件下，与未经选育的虾苗及部分进口一代虾苗相比，100日龄虾生长速度提高11%以上，成活率提高13%以上。主要用途为食用。

养殖分布　凡纳滨对虾"海兴农2号"主要在我国华东、华南、华北等地区养殖，包括天津、河北、陕西、内蒙古、辽宁、上海、江苏、浙江、安徽、福建、山东、湖北、湖南、广东、广西、海南、四川、云南、陕西、甘肃、新疆等。

养殖模式　凡纳滨对虾"海兴农2号"的适宜养殖水体为人工可控的海水、半咸水水域，主要养殖模式包括池塘养殖、工厂化养殖等，主要为单养，也可与其他水产动物混养。

开发利用情况　凡纳滨对虾"海兴农2号"为培育种，由广东海兴农集团有限公司、广东海大集团股份有限公司、中山大学、中国水产科学研究院黄海水产研究所联合选育，2016年通过全国水产原种和良种审定委员会审定。全国共普查到11个繁育主体开展该资源的活体保种和/或苗种生产。

537.凡纳滨对虾"正金阳1号"
（*Litopenaeus vannamei*）

俗名 正金阳1号、南美白对虾、白对虾、白肢虾。

分类地位 动物界（Animalia）、节肢动物门（Arthropoda）、软甲纲（Malacostraca）、十足目（Decapoda）、对虾科（Penaeidae）、滨对虾属（*Litopenaeus*）。

地位作用 凡纳滨对虾"正金阳1号"是我国自主培育的凡纳滨对虾品种，是在凡纳滨对虾"中科1号"的基础上引入多个新种质选育而成，主选性状为耐低温、成活率和生长速度。在水温12～18℃养殖条件下，与"中科1号"和美国对虾改良系统有限公司虾苗相比，成活率分别平均提高16%和24%，生长速度分别平均提高10%和13%。主要用途为食用。

养殖分布 凡纳滨对虾"正金阳1号"主要在我国华东、华南、华北等地区养殖，包括天津、辽宁、江苏、山东、广东等。

养殖模式 凡纳滨对虾"正金阳1号"的养殖水体为人工可控的海水、半咸水、淡水水域，主要养殖模式包括池塘养殖、工厂化养殖等，主要为单养，也可与其他水产动物混养。

开发利用情况 凡纳滨对虾"正金阳1号"为培育种，由中国科学院南海海洋研究所和茂名市金阳热带海珍养殖有限公司联合选育，2017年通过全国水产原种和良种审定委员会审定。全国共普查到1个繁育主体开展该资源的活体保种和/或苗种生产。

540.斑节对虾"南海1号"（*Penaeus monodon*）

俗名 南海1号、草虾、竹节虾、鬼虾。

分类地位 动物界（Animalia）、节肢动物门（Arthropoda）、软甲纲（Malacostraca）、十足目（Decapoda）、对虾科（Penaeidae）、对虾属（*Penaeus*）。

地位作用 斑节对虾"南海1号"是我国自主培育的第1个斑节对虾品种，主选性状为体重、生长速度。在相同养殖条件下，与普通斑节对虾相比，体重增长速度平均提高21.6%～24.4%。主要用途为食用。

养殖分布 斑节对虾"南海1号"主要在我国华南等沿海地区养殖，包括广东、广西、浙江、河北等。

养殖模式 斑节对虾"南海1号"的养殖水体为人工可控的海水、半咸水水域，主要养殖模式为池塘养殖，主要为单养，也可与其他种类如黄鳍棘鲷、拟穴青蟹等混养。

开发利用情况 斑节对虾"南海1号"为培育种，由中国水产科学研究院南海水产研究所选育，2010年通过全国水产原种和良种审定委员会审定。将该品种作为基础群体之一培育了斑节对虾"南海2号"品种。全国共普查到8个繁育主体开展该资源的活体保种和/或苗种生产。

541.斑节对虾"南海2号"（*Penaeus monodon*）

俗名　南海2号、草虾、竹节虾、鬼虾。

分类地位　动物界（Animalia）、节肢动物门（Arthropoda）、软甲纲（Malacostraca）、十足目（Decapoda）、对虾科（Penaeidae）、对虾属（*Penaeus*）。

地位作用　斑节对虾"南海2号"是我国自主培育的斑节对虾品种，是在斑节对虾"南海1号"的基础上引入斑节对虾非洲品系选育而成，主选性状为生长速度、成活率。在相同养殖条件下，4月龄虾成活率比母本"南海1号"平均提高12.4%，生长速度比父本非洲品系平均提高10.2%；与斑节对虾非洲野生群体繁殖的一代苗相比，4月龄虾生长速度平均提高26.5%，成活率平均提高13.5%。主要用途为食用。

养殖分布　斑节对虾"南海2号"主要在我国华南等沿海地区养殖，包括广东、广西等。

养殖模式　斑节对虾"南海2号"的养殖水体为人工可控的海水、半咸水水域，主要养殖模式为池塘养殖，主要为单养，也可与其他种类如黄鳍棘鲷、拟穴青蟹等混养。

开发利用情况　斑节对虾"南海2号"为培育种，由中国水产科学研究院南海水产研究所选育，2018年通过全国水产原种和良种审定委员会审定。全国共普查到2个繁育主体开展该资源的活体保种和/或苗种生产。

546. 中国对虾 "黄海4号"
(*Fenneropenaeus chinensis*)

俗名 黄海4号、东方对虾、明虾。

分类地位 动物界（Animalia）、节肢动物门（Arthropoda）、软甲纲（Malacostraca）、十足目（Decapoda）、对虾科（Penaeidae）、明对虾属（*Fenneropenaeus*）。

地位作用 中国对虾 "黄海4号" 是我国自主培育的中国对虾品种，是以中国对虾 "黄海1号" 和 "黄海3号" 选育群体作为基础群体选育而成，主选性状为耐高pH和体重。与 "黄海1号" 和 "黄海3号" 相比，高pH(9.2)胁迫72小时仔虾成活率分别平均提高32.2%和16.3%；在相同养殖条件下，体重分别平均提高5.1%和10.7%，成活率分别平均提高20.3%和13.6%。主要用途为食用。

养殖分布 中国对虾 "黄海4号" 主要在我国东北、华东等沿海地区养殖，包括辽宁、山东、江苏等。

养殖模式 中国对虾 "黄海4号" 的养殖水体为人工可控的海水、半咸水水域，主要养殖模式为池塘养殖。

开发利用情况 中国对虾 "黄海4号" 为培育种，由中国水产科学研究院黄海水产研究所、昌邑市海丰水产养殖有限责任公司、日照海辰水产有限公司联合选育，2020年通过全国水产原种和良种审定委员会审定。全国共普查到3个繁育主体开展该资源的活体保种和/或苗种生产。

547. 中国对虾"黄海5号"
(*Fenneropenaeus chinensis*)

俗名 黄海5号、东方对虾、明虾。

分类地位 动物界（Animalia）、节肢动物门（Arthropoda）、软甲纲（Malacostraca）、十足目（Decapoda）、对虾科（Penaeidae）、明对虾属（*Fenneropenaeus*）。

地位作用 中国对虾"黄海5号"是我国自主培育的中国对虾品种，是在中国对虾"黄海2号"的基础上引入多个新种质选育而成，主选性状为抗病性和生长速度。在相同养殖条件下，与未经选育的中国对虾相比，白斑综合征病毒抗性平均提高30.1%，生长速度平均提高26.5%。主要用途为食用。

养殖分布 中国对虾"黄海5号"主要在我国华北、东北等沿海地区养殖，包括辽宁、河北、山东等。

养殖模式 中国对虾"黄海5号"的养殖水体为人工可控的海水、半咸水水域，主要养殖模式为池塘养殖。

开发利用情况 中国对虾"黄海5号"为培育种，由中国水产科学研究院黄海水产研究所选育，2017年通过全国水产原种和良种审定委员会审定。全国共普查到7个繁育主体开展该资源的活体保种和/或苗种生产。

548. 日本囊对虾（*Marsupenaeus japonicus*）

俗名 车虾、斑节虾、花尾虾、花虾、九节虾、蓝尾虾、青尾、日本对虾（别名）。

（杨其彬 提供）

分类地位 动物界（Animalia）、节肢动物门（Arthropoda）、软甲纲（Malacostraca）、十足目（Decapoda）、对虾科（Penaeidae）、囊对虾属（*Marsupenaeus*）。

地位作用 日本囊对虾是我国虾蟹类主养种。主要用途为食用。

养殖分布 日本囊对虾主要在我国黄渤海、南海、东海等沿海地区养殖，包括山东、广东、福建、河北、辽宁、浙江、江苏、广西等。

养殖模式 日本囊对虾的养殖水体为海水，主要养殖模式为池塘养殖，也可工厂化养殖或高位池养殖。池塘养殖时以混养为主，如与花蛤、河鲀等种类混养；工厂化养殖和高位池养殖时主要为单养。

开发利用情况 日本囊对虾为本土种，是我国开发的养殖种。日本囊对虾自然分布于长江口以南沿海，以福建、台湾和广东沿海的资源较丰富。我国台湾于1970年开始进行日本囊对虾的养殖试验,20世纪80年代福建、广东等地突破了日本囊对虾人工育苗技术，已有"闽海1号"1个品种通过全国水产原种和良种审定委员会审定。全国共普查到47个繁育主体开展该资源的活体保种和/或苗种生产。

549. 日本囊对虾"闽海1号"
(*Marsupenaeus japonicus*)

俗名 闽海1号、车虾、斑节虾、花尾虾、青尾、蓝尾虾、花虾。

分类地位 动物界（Animalia）、节肢动物门（Arthropoda）、软甲纲（Malacostraca）、十足目（Decapoda）、对虾科（Penaeidae）、囊对虾属（*Marsupenaeus*）。

地位作用 日本囊对虾"闽海1号"是我国自主培育的第1个日本囊对虾品种，主选性状为生长速度。在相同养殖条件下，与未经选育的日本囊对虾相比，100日龄平均体重提高25.3%。主要用途为食用。

养殖分布 日本囊对虾"闽海1号"主要在我国南海、黄渤海等沿海地区养殖，包括河北、辽宁、山东、广东、广西等。

养殖模式 日本囊对虾"闽海1号"养殖水体为人工可控的海水水域，主要养殖模式包括池塘养殖、工厂化养殖、高位池养殖。池塘养殖时以混养为主，如与菲律宾蛤仔、河鲀等种类混养；工厂化养殖和高位池养殖时主要为单养。

开发利用情况 日本囊对虾"闽海1号"为培育种，由厦门大学选育，2014年通过全国水产原种和良种审定委员会审定。全国共普查到1个繁育主体开展该资源的活体保种和/或苗种生产。

550. 脊尾白虾（*Exopalaemon carinicauda*）

俗名 小白虾、迎春虾。

（方增冰 提供）

分类地位 动物界（Animalia）、节肢动物门（Arthropoda）、软甲纲（Malacostraca）、十足目（Decapoda）、长臂虾科（Palaemonidae）、白虾属（*Exopalaemon*）。

地位作用 脊尾白虾是我国虾蟹类主养种。主要用途为食用。

养殖分布 脊尾白虾主要在我国华东、华南、华中等沿海地区养殖，包括上海、江苏、浙江、湖南、海南等。

养殖模式 脊尾白虾的养殖水体为海水、半咸水，主要养殖模式为池塘养殖，主要为混养，包括与拟穴青蟹、三疣梭子蟹等蟹类，鲻、梭鱼等鱼类，文蛤等贝类的混养模式。

开发利用情况 脊尾白虾为本土种，是我国开发的养殖种，自然分布于中国大陆沿岸和朝鲜半岛西岸低盐水域。已有"黄育1号""科苏红1号"2个品种通过全国水产原种和良种审定委员会审定。全国共普查到4个繁育主体开展该资源的活体保种和/或苗种生产。

551.脊尾白虾"科苏红1号"
(*Exopalaemon carinicauda*)

俗名 科苏红1号、小白虾、迎春虾。

分类地位 动物界(Animalia)、节肢动物门(Arthropoda)、软甲纲(Malacostraca)、十足目(Decapoda)、长臂虾科(Palaemonidae)、白虾属(*Exopalaemon*)。

地位作用 脊尾白虾"科苏红1号"是我国自主培育的第1批脊尾白虾品种,主选性状为红色体色。在相同养殖条件下,与未经选育的脊尾白虾相比,体色经三文鱼肉色标准比色尺(Salmo Fan TMLineal)测量的色度值平均在30以上,红体色虾占比100%。主要用途为食用。

养殖分布 脊尾白虾"科苏红1号"主要在我国江苏等沿海地区养殖。

养殖模式 脊尾白虾"科苏红1号"的养殖水体为人工可控的海水、半咸水水域,主要养殖模式为池塘养殖,主要为混养,包括与拟穴青蟹、三疣梭子蟹等蟹类,鲻、梭鱼等鱼类,文蛤等贝类的混养模式。

开发利用情况 脊尾白虾"科苏红1号"为培育种,由中国科学院海洋研究所、江苏省海洋水产研究所、启东市庆健水产养殖有限公司联合培育,2017年通过全国水产原种和良种审定委员会审定。全国共普查到1个繁育主体开展该资源的活体保种和/或苗种生产。

552.脊尾白虾"黄育1号"
（*Exopalaemon carinicauda*）

俗名 黄育1号、小白虾、迎春虾。

分类地位 动物界（Animalia）、节肢动物门（Arthropoda）、软甲纲（Malacostraca）、十足目（Decapoda）、长臂虾科（Palaemonidae）、白虾属（*Exopalaemon*）。

地位作用 脊尾白虾"黄育1号"是我国培育的第1批脊尾白虾品种，主选性状为生长速度。在相同养殖条件下，与未经选育的野生脊尾白虾相比，3月龄体长平均提高12.6%，体重平均提高18.4%。主要用途为食用。

养殖分布 脊尾白虾"黄育1号"主要在我国山东等沿海地区养殖。

养殖模式 脊尾白虾"黄育1号"的养殖水体为人工可控的海水、半咸水水域，主要养殖模式为池塘养殖，主要为混养，包括与拟穴青蟹、三疣梭子蟹等蟹类，鲻、梭鱼等鱼类，文蛤等贝类的混养模式。

开发利用情况 脊尾白虾"黄育1号"为培育种，由中国水产科学研究院黄海水产研究所和日照海辰水产有限公司联合选育，2017年通过全国水产原种和良种审定委员会审定。全国共普查到1个繁育主体开展该资源的活体保种和/或苗种生产。

553.克氏原螯虾（*Procambarus clarkii*）

俗名 小龙虾。

（李飞 提供）

分类地位 动物界（Animalia）、节肢动物门（Arthropoda）、软甲纲（Malacostraca）、十足目（Decapoda）、螯虾科（Cambaridae）、原螯虾属（*Procambarus*）。

地位作用 克氏原螯虾是我国引进的虾蟹类主养种，目前在我国虾蟹中养殖产量最大。主要用途为食用。

养殖分布 克氏原螯虾主要在我国华中、华东、西南等地区养殖，包括湖北、安徽、湖南、江苏、江西、四川、山东、河南、浙江、重庆、广西、福建、云南、贵州、陕西、广东、新疆、新疆生产建设兵团、黑龙江、山西、海南、上海、甘肃、宁夏、河北等。

养殖模式 克氏原螯虾养殖水体为人工可控的淡水水域，主要养殖模式包括稻田养殖、池塘养殖等，可单养，也可与鲢、鳙、鲫、河蟹、罗氏沼虾等混养。

开发利用情况 克氏原螯虾是引进种，原产地为美国南部和墨西哥北部，20世纪30年代引入我国后已在国内形成多个自然群体。克氏原螯虾是我国开发的养殖种，进入21世纪陆续有小龙虾养殖的研究开展，2015年后形成大规模养殖，已有多家单位开展了克氏原螯虾的遗传育种工作。全国共普查到2 648个繁育主体开展该资源的活体保种和/或苗种生产。

556. 日本沼虾（*Macrobrachium nipponense*）

俗名 青虾、河虾。

（傅洪拓 提供）

分类地位 动物界（Animalia）、节肢动物门（Arthropoda）、软甲纲（Malacostraca）、十足目（Decapoda）、长臂虾科（Palaemonidae）、沼虾属（*Macrobrachium*）。

地位作用 日本沼虾是我国虾蟹类主养种。主要用途为食用。

养殖分布 日本沼虾主要在我国华东、华中、华南等地区养殖，包括江苏、安徽、浙江、江西、湖北、河南、湖南、广东、福建、山东、广西、四川、上海、河北、贵州、宁夏等。

养殖模式 日本沼虾的养殖水体为淡水，主要养殖模式包括池塘养殖、工厂化养殖等，主要为单养，也可与其他种类如中华绒螯蟹、凡纳滨对虾等混养或轮养。

开发利用情况 日本沼虾为本土种，是我国在20世纪60年代开发的养殖种，80年代左右，形成了一定的养殖规模，90年代养殖模式打破了套养，出现了单（主）养模式。已有杂交青虾"太湖1号""太湖2号"等品种通过全国水产原种和良种审定委员会审定。全国共普查到346个繁育主体开展该资源的活体保种和/或苗种生产。

557.杂交青虾"太湖1号"

俗名　太湖1号、青虾、河虾。

分类地位　杂交种，亲本来源为日本沼虾和海南沼虾杂交种（经与日本沼虾进行两代回交的后代）（♂）×太湖野生日本沼虾（♀）。

地位作用　杂交青虾"太湖1号"是我国自主培育的第1个日本沼虾品种，主选性状为生长速度和个体大小。在相同养殖条件下，比普通日本沼虾生长速度提高30%，单位产量提高25%。主要用途为食用。

养殖分布　杂交青虾"太湖1号"主要在我国华东、华中、西南等地区养殖，包括江苏、浙江、安徽、江西、山东、河南、湖北、湖南、广东、广西、四川、贵州等。

养殖模式　杂交青虾"太湖1号"的养殖水体为人工可控的淡水水域，主要养殖模式为池塘养殖，主要为单养，也可与其他种类如中华绒螯蟹、凡纳滨对虾等混养或轮养。

开发利用情况　杂交青虾"太湖1号"为培育种，由中国水产科学研究院淡水渔业研究中心选育，2008年通过全国水产原种和良种审定委员会审定。将该品种作为基础群体培育了青虾"太湖2号"品种。全国共普查到68个繁育主体开展该资源的活体保种和/或苗种生产。

558.青虾"太湖2号"
(*Macrobrachium nipponense*)

俗名 太湖2号、青虾、河虾。

分类地位 青虾"太湖2号"的亲本来源是杂交青虾"太湖1号",为杂交种。

地位作用 青虾"太湖2号"是我国自主培育的第2个日本沼虾品种,是以杂交青虾"太湖1号"为基础群体选育而成,主选性状为生长速度。在相同养殖条件下,与"太湖1号"相比,体重平均提高17.2%。主要用途为食用。

养殖分布 青虾"太湖2号"主要在我国华东、西南等地区养殖,包括江苏、安徽、浙江、四川等。

养殖模式 青虾"太湖2号"的养殖水体为人工可控的淡水水域,主要养殖模式为池塘养殖,主要为单养,也可与其他种类如中华绒螯蟹、凡纳滨对虾等混养或轮养。

开发利用情况 青虾"太湖2号"为培育种,由中国水产科学研究院淡水渔业研究中心、无锡施瑞水产科技有限公司、深圳华大海洋科技有限公司、南京市水产研究所、江苏省渔业技术推广中心联合选育,2017年通过全国水产原种和良种审定委员会审定。全国共普查到93个繁育主体开展该资源的活体保种和/或苗种生产。

559.三疣梭子蟹（*Portunus trituberculatus*）

俗名 梭子蟹、白蟹、枪蟹、飞蟹。

（方增冰　提供）

分类地位 动物界（Animalia）、节肢动物门（Arthropoda）、软甲纲（Malacostraca）、十足目（Decapoda）、梭子蟹科（Portunidae）、梭子蟹属（*Portunus*）。

地位作用 三疣梭子蟹是我国虾蟹类主养种。主要用途为食用，同时蟹壳可作为壳聚糖的提取原料用于工业和医药生产。

养殖分布 三疣梭子蟹主要在我国黄渤海、东海等沿海地区养殖，包括福建、江苏、浙江、山东、河北、辽宁等。

养殖模式 三疣梭子蟹的养殖水体为海水，主要养殖模式包括池塘养殖，也可进行单体框养，通常采用单养或混养，混养主要有蟹虾（脊尾白虾、日本囊对虾、中国对虾等）混养、蟹虾贝（菲律宾蛤仔、毛蚶等）混养。

开发利用情况 三疣梭子蟹为本土种，是我国20世纪开发的养殖种。20世纪90年代解决了其人工苗种繁育技术，目前已有"黄选1号""黄选2号"和"科甬1号"3个品种通过全国水产原种和良种审定委员会审定。全国共普查到202个繁育主体开展该资源的活体保种和/或苗种生产。

560.三疣梭子蟹"黄选1号"
(*Portunus trituberculatus*)

俗名 黄选1号、梭子蟹、白蟹、枪蟹、飞蟹。

分类地位 动物界（Animalia）、节肢动物门（Arthropoda）、软甲纲（Malacostraca）、十足目（Decapoda）、梭子蟹科（Portunidae）、梭子蟹属（*Portunus*）。

地位作用 三疣梭子蟹"黄选1号"是我国自主培育的第1个三疣梭子蟹品种，主选性状为生长速度。在相同养殖条件下，与未经选育的三疣梭子蟹相比，收获时平均体重提高20.12%。主要用途为食用，同时蟹壳可作为壳聚糖的提取原料用于工业和医药生产。

养殖分布 三疣梭子蟹"黄选1号"主要在我国黄渤海等沿海地区养殖，包括河北、江苏、山东等。

养殖模式 三疣梭子蟹"黄选1号"的养殖水体为人工可控的海水水域，主要养殖模式为池塘养殖，也可进行单体框养，通常采用单养或混养，混养主要有蟹虾（脊尾白虾、日本囊对虾、中国对虾等）混养、蟹虾贝（菲律宾蛤仔、毛蚶等）混养。

开发利用情况 三疣梭子蟹"黄选1号"为培育种，由中国水产科学研究院黄海水产研究所和昌邑市海丰水产养殖有限责任公司联合培育，2012年通过全国水产原种和良种审定委员会审定。全国共普查到3个繁育主体开展该资源的活体保种和/或苗种生产。

561. 三疣梭子蟹"科甬1号"
(*Portunus trituberculatus*)

俗名 科甬1号、梭子蟹、白蟹、枪蟹、飞蟹。

分类地位 动物界(Animalia)、节肢动物门(Arthropoda)、软甲纲(Malacostraca)、十足目(Decapoda)、梭子蟹科(Portunidae)、梭子蟹属(*Portunus*)。

地位作用 三疣梭子蟹"科甬1号"是我国自主培育的三疣梭子蟹品种,主选性状为生长速度和耐溶藻弧菌存活率。在相同养殖条件下,与未经选育的三疣梭子蟹苗种相比,6月龄平均体重提高11.3%;对溶藻弧菌感染耐受性明显提高,养殖存活率提高13.9%。主要用途为食用,同时蟹壳可作为壳聚糖的提取原料用于工业和医药生产。

养殖分布 三疣梭子蟹"科甬1号"主要在我国浙江等沿海地区养殖。

养殖模式 三疣梭子蟹"科甬1号"的养殖水体为人工可控的海水水域,主要养殖模式为池塘养殖,也可进行单体框养,通常采用混养,混养主要有蟹虾(脊尾白虾、日本囊对虾、中国对虾等)混养、蟹虾贝(蛤仔、毛蚶等)混养。

开发利用情况 三疣梭子蟹"科甬1号"为培育种,由中国科学院海洋研究所和宁波大学联合培育,2013年通过全国水产原种和良种审定委员会审定。全国共普查到3个繁育主体开展该资源的活体保种和/或苗种生产。

562.三疣梭子蟹"黄选2号"
(*Portunus trituberculatus*)

俗名 黄选2号、梭子蟹、白蟹、枪蟹、飞蟹。

分类地位 动物界（Animalia）、节肢动物门（Arthropoda）、软甲纲（Malacostraca）、十足目（Decapoda）、梭子蟹科（Portunidae）、梭子蟹属（*Portunus*）。

地位作用 三疣梭子蟹"黄选2号"是我国自主培育的三疣梭子蟹品种，是在"黄选1号"的基础上引入多个新种质选育而成。与未经选育的三疣梭子蟹相比，成活率平均提高31.2%，体重平均提高18.8%；与"黄选1号"相比，能显著提高对养殖水体低盐度变化的适应力，养殖成活率平均提高10.7%。主要用途为食用，同时蟹壳可作为壳聚糖的提取原料用于工业和医药生产。

养殖分布 三疣梭子蟹"黄选2号"主要在我国黄渤海等沿海地区养殖，包括河北、辽宁、山东等。

养殖模式 三疣梭子蟹"黄选2号"的养殖水体为人工可控的海水水域，主要养殖模式为池塘养殖，也可进行单体框养。通常采用混养，混养主要有蟹虾混养、蟹虾贝混养等。

开发利用情况 三疣梭子蟹"黄选2号"为培育种，由中国水产科学研究院黄海水产研究所和昌邑市海丰水产养殖有限责任公司联合培育，2018年通过全国水产原种和良种审定委员会审定。全国共普查到5个繁育主体开展该资源的活体保种和/或苗种生产。

563.拟穴青蟹（*Scylla paramamosain*）

俗名 青蟹、红蚪、红膏蟹（性成熟的雌性）、肉蟹（雄性）、奄仔蟹（未交配的雌性）、蝤蛑（广东、浙江）、和乐蟹（海南）。

（赵明 提供）

分类地位 动物界（Animalia）、节肢动物门（Arthropoda）、软甲纲（Malacostraca）、十足目（Decapoda）、梭子蟹科（Portunidae）、青蟹属（*Scylla*）。

地位作用 拟穴青蟹是我国虾蟹类主养种。主要用途为食用，同时蟹壳可作为壳聚糖的提取原料用于工业和医药生产。

养殖分布 拟穴青蟹主要在我国华南、华东等沿海地区养殖，包括广东、福建、浙江、广西、海南、江苏、山东等。

养殖模式 拟穴青蟹的养殖水体为半咸水、海水水域，主要养殖模式包括池塘养殖、滩涂围栏养殖等，主要为单养或混养，可与蛏、蚶、凡纳滨对虾、鲻等混养。

开发利用情况 拟穴青蟹为本土种，是我国18世纪开发的养殖种，当时主要为育肥和育红，大规模养殖起始于20世纪80年代，90年代突破了其人工苗种繁育技术，已有多家单位针对拟穴青蟹开展了遗传改良研究。全国共普查到14个繁育主体开展该资源的活体保种和/或苗种生产。

564.锯缘青蟹（*Scylla serrata*）

俗名 青蟹、花脚蟳、红蟳。

（赵明 提供）

分类地位 动物界（Animalia）、节肢动物门（Arthropoda）、软甲纲（Malacostraca）、十足目（Decapoda）、梭子蟹科（Portunidae）、青蟹属（*Scylla*）。

地位作用 锯缘青蟹是与我国虾蟹类主养种拟穴青蟹同属的近缘种，20世纪90年代以前我国养殖的青蟹被误认为是锯缘青蟹，90年代后利用分子生物学、形态分析等方法均证明我国主要养殖的为拟穴青蟹，锯缘青蟹养殖量较少。主要用途为食用。

养殖分布 锯缘青蟹主要在我国南海等沿海地区养殖，包括广西、海南等。

养殖模式 锯缘青蟹的养殖水体为海水，主要养殖模式包括池塘养殖、围栏养殖等，可单养，也可混养。

开发利用情况 锯缘青蟹为本土种，自然分布于印度洋、红海和太平洋，其中斯里兰卡到东南亚群岛最为丰富，在我国海南岛、北部湾、台湾等地区具有一定的自然分布。目前我国对锯缘青蟹的养殖开发尚处于起步阶段，锯缘青蟹在青蟹属中个体最大，国内有科研单位开展了锯缘青蟹和拟穴青蟹的杂交研究。

565. 中华绒螯蟹（*Eriocheir sinensis*）

俗名　河蟹、大闸蟹、螃蟹。

（刘志强　提供）

分类地位　动物界（Animalia）、节肢动物门（Arthropoda）、软甲纲（Malacostraca）、十足目（Decapoda）、弓蟹科（Varunidae）、绒螯蟹属（*Eriocheir*）。

地位作用　中华绒螯蟹是我国虾蟹类主养种，在蟹类中养殖产量最大。主要用途为食用，同时蟹壳可作为壳聚糖的提取原料用于工业和医药生产。

养殖分布　中华绒螯蟹主要在我国华东、华中、东北等地区养殖，包括江苏、湖北、安徽、辽宁、山东、黑龙江、江西、浙江、湖南、上海、天津、吉林、广东、河北、新疆、河南、四川、陕西、宁夏、重庆、福建、内蒙古、云南、广西、甘肃、贵州、山西、海南等。

养殖模式　中华绒螯蟹的养殖水体为淡水，主要养殖模式包括池塘养殖、稻田养殖、围栏养殖、大水面增养殖等，主要为单养，也可进行蟹虾混养、蟹鱼混养。

开发利用情况　中华绒螯蟹为本土种，是我国20世纪开发的养殖种，80年代解决了其人工苗种繁育技术，目前已有"长江1号""光合1号""长江2号"等品种通过全国水产原种和良种审定委员会审定。全国共普查到137个繁育主体开展该资源的活体保种和/或苗种生产。

566. 中华绒螯蟹"长江1号"
(*Eriocheir sinensis*)

俗名 长江1号、河蟹、大闸蟹、螃蟹。

分类地位 动物界（Animalia）、节肢动物门（Arthropoda）、软甲纲（Malacostraca）、十足目（Decapoda）、弓蟹科（Varunidae）、绒螯蟹属（*Eriocheir*）。

地位作用 中华绒螯蟹"长江1号"是我国自主培育的第1批中华绒螯蟹品种，主选性状为生长速度，该品种在偶数年繁苗。在相同养殖条件下，与未经选育的中华绒螯蟹相比，2龄成蟹生长速度提高16.70%。主要用途为食用，同时蟹壳可作为壳聚糖的提取原料用于工业和医药生产。

养殖分布 中华绒螯蟹"长江1号"主要在我国华东、华中、华北等地区养殖，包括天津、山西、内蒙古、辽宁、上海、江苏、浙江、安徽、江西、山东、河南、湖北、湖南、四川、贵州、云南、陕西、宁夏、新疆等。

养殖模式 中华绒螯蟹"长江1号"的养殖水体为人工可控的淡水水域，主要养殖模式包括池塘养殖、稻田养殖、围栏养殖、大水面增养殖等，主要为单养，也可进行蟹虾混养、蟹鱼混养。

开发利用情况 中华绒螯蟹"长江1号"为培育种，由江苏省淡水水产研究所培育，2011年通过全国水产原种和良种审定委员会审定。全国共普查到5个繁育主体开展该资源的活体保种和/或苗种生产。

567. 中华绒螯蟹"光合1号"
(*Eriocheir sinensis*)

俗名 光合1号、河蟹、大闸蟹、螃蟹。

分类地位 动物界（Animalia）、节肢动物门（Arthropoda）、软甲纲（Malacostraca）、十足目（Decapoda）、弓蟹科（Varunidae）、绒螯蟹属（*Eriocheir*）。

地位作用 中华绒螯蟹"光合1号"是我国自主培育的第1批中华绒螯蟹品种，主选性状为体重。在相同养殖条件下，与未经选育的辽河野生中华绒螯蟹比，"光合1号"收获时成蟹平均体重提高25.98%。主要用途为食用，同时蟹壳可作为壳聚糖的提取原料用于工业和医药生产。

养殖分布 中华绒螯蟹"光合1号"主要在我国华北、东北等地区养殖，包括天津、河北、山西、内蒙古、辽宁、吉林、黑龙江、上海、江苏、山东、湖北、广东、四川、贵州、云南、陕西、甘肃、宁夏、新疆、新疆生产建设兵团等。

养殖模式 中华绒螯蟹"光合1号"的养殖水体为人工可控的淡水水域，主要养殖模式包括池塘养殖、稻田养殖、围栏养殖、大水面增养殖等，主要为单养，也可进行蟹虾混养、蟹鱼混养。

开发利用情况 中华绒螯蟹"光合1号"为培育种，由盘锦光合蟹业有限公司培育，2011年通过全国水产原种和良种审定委员会审定。全国共普查到3个繁育主体开展该资源的活体保种和/或苗种生产。

568.中华绒螯蟹"长江2号"
(*Eriocheir sinensis*)

俗名 长江2号、河蟹、大闸蟹、螃蟹。

分类地位 动物界（Animalia）、节肢动物门（Arthropoda）、软甲纲（Malacostraca）、十足目（Decapoda）、弓蟹科（Varunidae）、绒螯蟹属（*Eriocheir*）。

地位作用 中华绒螯蟹"长江2号"是我国自主培育的中华绒螯蟹品种，主选性状为生长速度，该品种在奇数年繁苗。在相同养殖条件下，与未经选育的中华绒螯蟹相比，17月龄生长速度提高19.4%，平均体重提高18.5%。主要用途为食用，同时蟹壳可作为壳聚糖的提取原料用于工业和医药生产。

养殖分布 中华绒螯蟹"长江2号"主要在我国华中、华北、华东等地区养殖，包括山西、江苏、浙江、安徽、山东、湖南、云南、陕西、新疆等。

养殖模式 中华绒螯蟹"长江2号"的养殖水体为人工可控的淡水水域，主要养殖模式包括池塘养殖、稻田养殖、围栏养殖、大水面增养殖等，主要为单养，也可进行蟹虾混养、蟹鱼混养。

开发利用情况 中华绒螯蟹"长江2号"为培育种，由江苏省淡水水产研究所培育，2014年通过全国水产原种和良种审定委员会审定。全国共普查到3个繁育主体开展该资源的活体保种和/或苗种生产。

569.中华绒螯蟹"江海21"
(*Eriocheir sinensis*)

俗名 江海21号、河蟹、大闸蟹、螃蟹。

分类地位 动物界（Animalia）、节肢动物门（Arthropoda）、软甲纲（Malacostraca）、十足目（Decapoda）、弓蟹科（Varunidae）、绒螯蟹属（*Eriocheir*）。

地位作用 中华绒螯蟹"江海21"是我国自主培育的中华绒螯蟹品种，主选性状为生长速度、步足长和额齿尖。在相同养殖条件下，与普通中华绒螯蟹相比，16月龄生长速度提高17%以上。主要用途为食用，同时蟹壳可作为壳聚糖的提取原料用于工业和医药生产。

养殖分布 中华绒螯蟹"江海21"主要在我国华东、华中、华北等地区养殖，包括内蒙古、上海、江苏、安徽、江西、山东、河南、湖北、湖南、四川、云南等。

养殖模式 中华绒螯蟹"江海21"的养殖水体为淡水，主要养殖模式包括池塘养殖、稻田养殖、围栏养殖、大水面增养殖等，主要为单养，也可进行蟹虾混养、蟹鱼混养。

开发利用情况 中华绒螯蟹"江海21"为培育种，由上海海洋大学牵头，与上海市水产研究所、明光市永言水产（集团）有限公司、上海市崇明区水产技术推广站、上海市松江区水产良种场、上海宝岛蟹业有限公司以及上海福岛水产养殖专业合作社联合培育，2015年通过全国水产原种和良种审定委员会审定。全国共普查到3个繁育主体开展该资源的活体保种和/或苗种生产。

570. 中华绒螯蟹"诺亚1号"
（*Eriocheir sinensis*）

俗名　诺亚1号、河蟹、大闸蟹、螃蟹。

分类地位　动物界（Animalia）、节肢动物门（Arthropoda）、软甲纲（Malacostraca）、十足目（Decapoda）、弓蟹科（Varunidae）、绒螯蟹属（*Eriocheir*）。

地位作用　中华绒螯蟹"诺亚1号"是我国自主培育的中华绒螯蟹品种，主选性状为生长速度。在相同养殖条件下，与未经选育的长江水系野生中华绒螯蟹相比，奇数年成蟹生长速度平均提高19.9%，偶数年成蟹生长速度平均提高20.7%。主要用途为食用，同时蟹壳可作为壳聚糖的提取原料用于工业和医药生产。

养殖分布　中华绒螯蟹"诺亚1号"主要在我国华东、西南、西北等地区养殖，包括江苏、浙江、安徽、山东、四川、宁夏等。

养殖模式　中华绒螯蟹"诺亚1号"的养殖水体为淡水，主要养殖模式包括池塘养殖、稻田养殖、围栏养殖、大水面增养殖等，主要为单养，也可进行蟹虾混养、蟹鱼混养。

开发利用情况　中华绒螯蟹"诺亚1号"为培育种，由中国水产科学研究院淡水渔业研究中心、江苏诺亚方舟农业科技有限公司、常州市武进区水产技术推广站联合选育，2017年通过全国水产原种和良种审定委员会审定。全国共普查到1个繁育主体开展该资源的活体保种和/或苗种生产。

571.黄海褐虾（*Crangon uritai*）

俗名 桃花虾、短枪虾、母猪虾等。

（高保全　提供）

分类地位 动物界（Animalia）、节肢动物门（Arthropoda）、软甲纲（Malacostraca）、十足目（Decapoda）、褐虾科（Crangonidae）、褐虾属（*Crangon*）。

地位作用 黄海褐虾是我国虾蟹类潜在养殖种。主要用途为食用。

养殖分布 黄海褐虾主要在我国山东等沿海地区养殖。

养殖模式 黄海褐虾的养殖水体为海水，主要养殖模式为室内水泥池养殖，目前尚处于试养阶段。

开发利用情况 黄海褐虾为本土种，自然分布于寒带和温带的浅海，包括堪察加半岛、朝鲜半岛和日本等地的近海，我国渤海、黄海和东海北部也有自然分布，在黄海分布量最大。目前山东有科研单位对其开展了试养。

572.墨吉对虾（*Fenneropenaeus merguiensis*）

俗名 白刺虾、白虾、大虾、香蕉虾。

（周发林 提供）

分类地位 动物界（Animalia）、节肢动物门（Arthropoda）、软甲纲（Malacostraca）、十足目（Decapoda）、对虾科（Penaeidae）、明对虾属（*Fenneropenaeus*）。

地位作用 墨吉对虾是我国虾蟹类潜在养殖种。主要用途为食用。

养殖分布 墨吉对虾主要在我国广东等沿海地区养殖。

养殖模式 墨吉对虾的养殖水体为海水，主要养殖模式包括池塘养殖、工厂化养殖等，主要为单养。

开发利用情况 墨吉对虾为本土种，自然分布于我国南海海域，国外分布在南半球东非至澳大利亚，北半球东南亚及印度洋。我国20世纪70年代开始养殖墨吉对虾，80年代解决了其人工苗种繁育技术，90年代左右墨吉对虾养殖产量达到了顶峰，随后由于引种等原因，现在养殖规模较小。

573.长毛对虾（*Fenneropenaeus penicillatus*）

俗名 白虾、大虾、红尾虾。

（罗刚 提供）

分类地位 动物界（Animalia）、节肢动物门（Arthropoda）、软甲纲（Malacostraca）、十足目（Decapoda）、对虾科（Penaeidae）、明对虾属（*Fenneropenaeus*）。

地位作用 长毛对虾是我国虾蟹类潜在养殖种。主要用途为食用。

养殖分布 长毛对虾主要在我国广西等沿海地区养殖。

养殖模式 长毛对虾的养殖水体为海水，主要养殖模式为池塘养殖，主要为单养，也可与拟穴青蟹等混养。

开发利用情况 长毛对虾为本土种，自然分布于我国东海、南海等海域，国外分布于日本、菲律宾、巴基斯坦、印度尼西亚沿海。长毛对虾是我国20世纪80年代开发的养殖种，在80年代末解决了其人工苗种繁育技术，90年代形成一定的养殖规模，随后由于引种等原因，现在养殖规模较小。

574.近缘新对虾（*Metapenaeus affinis*）

俗名 土虾、砂虾（福建）、中虾、芦虾、赤爪虾（广东）。

（李运东 提供）

分类地位 动物界（Animalia）、节肢动物门（Arthropoda）、软甲纲（Malacostraca）、十足目（Decapoda）、对虾科（Penaeidae）、新对虾属（*Metapenaeus*）。

地位作用 近缘新对虾是我国虾蟹类潜在养殖种。主要用途为食用。

养殖分布 近缘新对虾主要在我国广东等沿海地区养殖。

养殖模式 近缘新对虾的养殖水体为半咸水、海水，主要养殖模式为池塘养殖，主要为单养。

开发利用情况 近缘新对虾为本土种，自然分布于我国东南沿海，国外分布于印度、澳大利亚、泰国、日本以及马六甲等海域。我国20世纪80年代末开展了近缘新对虾的养殖试验，目前以野生苗种养殖为主，国内有科研单位开展了近缘新对虾的苗种繁育研究，并取得了一些进展。

575.刀额新对虾（*Metapenaeus ensis*）

俗名 麻虾、虎虾、花虎虾、泥虾、基围虾、沙虾、芦虾、土虾、蚕虾、红爪虾。

（李运东 提供）

分类地位 动物界（Animalia）、节肢动物门（Arthropoda）、软甲纲（Malacostraca）、十足目（Decapoda）、对虾科（Penaeidae）、新对虾属（*Metapenaeus*）。

地位作用 刀额新对虾是我国虾蟹类潜在养殖种。主要用途为食用。

养殖分布 刀额新对虾主要在我国华南、华东等地区养殖，包括江苏、浙江、广东、海南等。

养殖模式 刀额新对虾的养殖水体为半咸水、海水，主要养殖模式包括池塘养殖、稻田养殖等。主要为鱼（罗非鱼）虾混养，也可进行单养。

开发利用情况 刀额新对虾为本土种，自然分布于印度洋-西太平洋海区，在我国主要分布于东海西部、台湾、广东、广西和海南岛沿岸海区。我国在20世纪80年代开展了刀额新对虾的人工养殖，同期开展了刀额新对虾的人工苗种繁育研究，并取得了一些进展。全国共普查到5个繁育主体开展该资源的活体保种和/或苗种生产。

576.周氏新对虾（*Metapenaeus joyneri*）

俗名 羊毛虾、黄虾、沙虾、麻虾、芝虾等。

（高保全　提供）

分类地位 动物界（Animalia）、节肢动物门（Arthropoda）、软甲纲（Malacostraca）、十足目（Decapoda）、对虾科（Penaeidae）、新对虾属（*Metapenaeus*）。

地位作用 周氏新对虾是我国虾蟹类潜在养殖种。主要用途为食用。

养殖分布 周氏新对虾主要在我国华东等沿海地区养殖，包括江苏、山东等。

养殖模式 周氏新对虾的养殖水体为半咸水、海水，主要养殖模式为池塘养殖。

开发利用情况 周氏新对虾为本土种，自然分布于我国东南沿海，北至山东南至海南均有分布，在日本和韩国沿海也有分布，是我国21世纪初开发的养殖种。江苏等地的科研单位开展了苗种繁育和养殖技术的研究，已初步解决其苗种繁育和养殖技术。

577. 口虾蛄（*Oratosquilla oratoria*）

俗名 琵琶虾、皮皮虾、虾耙子、虾公驼子、濑尿虾。

（方增冰 提供）

分类地位 动物界（Animalia）、节肢动物门（Arthropoda）、软甲纲（Malacostraca）、口足目（Stomatopoda）、虾蛄科（Squillidea）、口虾蛄属（*Oratosquilla*）。

地位作用 口虾蛄是我国虾蟹类潜在养殖种。主要用途为食用。

养殖分布 口虾蛄主要在我国东海、黄渤海、南海等沿海地区养殖，包括浙江、山东、广东等。

养殖模式 口虾蛄的养殖水体为海水，主要养殖模式为池塘养殖，可以单养，也可与刺参、日本囊对虾等混养。

开发利用情况 口虾蛄为本土种，自然分布于日本及菲律宾沿海，在我国沿海均有分布，是我国20世纪末期开发的养殖种，21世纪解决了其人工苗种繁育技术，开展了养殖试验。

578.葛氏长臂虾（*Palaemon gravieri*）

俗名 红狮头虾、红毛虾、红芒子、桃红虾。

（张寒野　提供）

分类地位　动物界（Animalia）、节肢动物门（Arthropoda）、软甲纲（Malacostraca）、十足目（Decapoda）、长臂虾科（Palaemonidae）、长臂虾属（*Palaemon*）。

地位作用　葛氏长臂虾是我国虾蟹类潜在养殖种。主要用途为食用。

养殖分布　葛氏长臂虾主要在我国浙江等沿海地区养殖。

养殖模式　葛氏长臂虾的养殖水体为海水，主要养殖模式为池塘养殖。

开发利用情况　葛氏长臂虾为本土种，自然分布于东海北部，是我国近海地方性特有种，是我国近年来新开发的养殖资源，已初步解决其人工苗种繁育技术，并开展了人工养殖工作。全国共普查到1个繁育主体开展该资源的活体保种和/或苗种生产。

579. 波纹龙虾（*Panulirus homarus*）

俗名 海水小青龙、青壳仔、沙龙。

（高保全 提供）

分类地位 动物界（Animalia）、节肢动物门（Arthropoda）、软甲纲（Malacostraca）、十足目（Decapoda）、龙虾科（Palinuridae）、龙虾属（*Panulirus*）。

地位作用 波纹龙虾是我国虾蟹类潜在养殖种。主要用途为食用。

养殖分布 波纹龙虾主要在我国南海、东海等沿海地区养殖，包括福建、广东、海南等。

养殖模式 波纹龙虾的养殖水体为海水，主要养殖模式为工厂化养殖、网箱养殖，主要为单养。

开发利用情况 波纹龙虾为本土种，自然分布于印度洋—西太平洋海域，国内主要分布于台湾、福建、广东、海南等，是我国20世纪80年代开发的养殖种，目前养殖的苗种主要来自野外捕捞，人工苗种繁育取得了一定进展。全国共普查到2个繁育主体开展该资源的活体保种和/或苗种生产。

580.锦绣龙虾（*Panulirus ornatus*）

俗名 七彩龙虾、花龙、山虾、大和虾、扇形棘龙虾、中华锦绣龙虾（别名）。

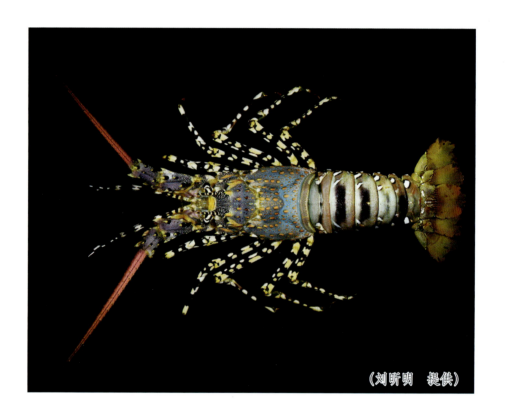

（刘昕明　提供）

分类地位 动物界（Animalia）、节肢动物门（Arthropoda）、软甲纲（Malacostraca）、十足目（Decapoda）、龙虾科（Palinuridae）、龙虾属（*Panulirus*）。

地位作用 锦绣龙虾是我国虾蟹类潜在养殖种，野外种群列入《国家重点保护野生动物名录》（二级）。主要用途为保护、食用、观赏。

养殖分布 锦绣龙虾主要在我国广东等沿海地区养殖。

养殖模式 锦绣龙虾的养殖水体为海水，主要养殖模式为工厂化养殖、网箱养殖，主要为单养。

开发利用情况 锦绣龙虾为本土种，自然分布于东南亚、印度洋东部、西太平洋地区以及澳大利亚海域，在我国主要分布于南海和台湾海域。锦绣龙虾是我国开发的养殖种，目前该资源尚处于解决规模化人工繁育阶段。

581. 中国龙虾（*Panulirus stimpsoni*）

俗名 龙虾、大龙虾、青龙虾、本港龙虾。

（蓝家湖　提供）

分类地位 动物界（Animalia）、节肢动物门（Arthropoda）、软甲纲（Malacostraca）、十足目（Decapoda）、龙虾科（Palinuridae）、龙虾属（*Panulirus*）。

地位作用 中国龙虾是我国虾蟹类潜在养殖种。主要用途为食用。

养殖分布 中国龙虾主要在我国南海等沿海地区养殖，包括广东、广西、海南等。

养殖模式 中国龙虾的养殖水体为海水，主要养殖模式包括浅海筏式笼养、工厂化养殖等。

开发利用情况 中国龙虾为本土种，自然分布于越南沿海和泰国湾等，以及我国东海南部及南海，是我国21世纪初开发的养殖种，目前养殖的苗种主要来自野外捕捞，有科研单位对其人工苗种繁育和养殖技术开展了研究。全国共普查到1个繁育主体开展该资源的活体保种和/或苗种生产。

582.短沟对虾（*Penaeus semisulcatus*）

俗名 花脚虾、黑节虾、熊虾（台湾）、海草虾（台湾）。

（李运东 提供）

分类地位 动物界（Animalia）、节肢动物门（Arthropoda）、软甲纲（Malacostraca）、十足目（Decapoda）、对虾科（Penaeidae）、对虾属（*Penaeus*）。

地位作用 短沟对虾是我国虾蟹类潜在养殖种。主要用途为食用。

养殖分布 短沟对虾主要在我国华东、华南等沿海地区养殖，包括福建、广东、海南等。

养殖模式 短沟对虾的养殖水体为海水、半咸水，主要养殖模式为池塘养殖，主要为单养，也可与斑节对虾等混养。

开发利用情况 短沟对虾为本土种，自然分布于印度洋-西太平洋，自非洲东岸至日本和澳大利亚，我国主要分布于东海南部以及华南沿海，是我国20世纪90年代左右开发的养殖种，已解决其人工苗种繁育技术。

583.红螯螯虾（*Cherax quadricarinatus*）

虾蟹类

俗名 澳洲淡水龙虾、淡水小青龙。

（蒋文枰 提供）

分类地位 动物界（Animalia）、节肢动物门（Arthropoda）、软甲纲（Malacostraca）、十足目（Decapoda）、拟螯虾科（Parastacidae）、滑螯虾属（*Cherax*）。

地位作用 红螯螯虾是我国虾蟹类主养种。主要用途为食用。

养殖分布 红螯螯虾主要在我国华中、华南、华东、西南、西北等地区养殖，包括北京、山西、辽宁、黑龙江、上海、江苏、浙江、安徽、福建、江西、山东、河南、湖北、湖南、广东、广西、海南、重庆、四川、贵州、云南、陕西、新疆、新疆生产建设兵团等。

养殖模式 红螯螯虾的养殖水体为人工可控的淡水水域，主要养殖模式包括池塘养殖、稻田养殖等，主要为单养，也可与鲢等混养。

开发利用情况 红螯螯虾为引进种，自然分布于大洋洲，是我国20世纪90年代从澳大利亚引进的养殖种。目前已解决其人工苗种繁育技术，国内有相关单位对其开展了良种选育工作，尚无国审品种。全国共普查到105个繁育主体开展该资源的活体保种和/或苗种生产。

584.秀丽白虾（*Exopalaemon modestus*）

俗名 太湖白虾、秀丽长臂虾、白米虾、水晶虾。

（张寒野 提供）

分类地位 动物界（Animalia）、节肢动物门（Arthropoda）、软甲纲（Malacostraca）、十足目（Decapoda）、长臂虾科（Palaemonidae）、白虾属（*Exopalaemon*）。

地位作用 秀丽白虾是我国虾蟹类潜在养殖种。主要用途为食用、观赏。

养殖分布 秀丽白虾主要在我国华北、华南、华中等地区养殖，包括内蒙古、吉林、黑龙江、安徽、河南、海南等。

养殖模式 秀丽白虾的养殖水体为淡水，主要养殖模式包括池塘养殖、湖泊养殖、水库养殖等，池塘养殖时主要为单养。

开发利用情况 秀丽白虾为本土种，自然分布于朝鲜半岛和西伯利亚等地区，我国长江中下游、华北和东北地区均有分布，是我国淡水水域产量仅次于日本沼虾的虾类。我国21世纪初开始了秀丽白虾的人工育苗和养殖工作，2010年后人工苗种繁育取得突破。全国共普查到1个繁育主体开展该资源的活体保种和/或苗种生产。

585.海南沼虾（*Macrobrachium hainanense*）

俗名 瓯江大虾、大钳虾。

（张文宜　提供）

分类地位 动物界（Animalia）、节肢动物门（Arthropoda）、软甲纲（Malacostraca）、十足目（Decapoda）、长臂虾科（Palaemonidae）、沼虾属（*Macrobrachium*）。

地位作用 海南沼虾是我国虾蟹主养种日本沼虾的近缘种。主要用途为食用。

养殖分布 海南沼虾主要在我国华南等地区养殖，包括广东、海南等。

养殖模式 海南沼虾的养殖水体为淡水，主要养殖模式为池塘养殖，主要为单养。

开发利用情况 海南沼虾为本土种，自然分布于我国南方沿海地区，是我国20世纪90年代开发的养殖种，已解决其人工繁育技术。海南沼虾作为日本沼虾的近缘种，由于其个体较大，已被作为杂交种质用于杂交青虾"太湖1号"的品种创制。

586.锯齿新米虾（*Neocaridina denticulata*）

俗名　小草虾、多齿新米虾（别名）、中华新米虾（别名）。

（王国栋　提供）

分类地位　动物界（Animalia）、节肢动物门（Arthropoda）、软甲纲（Malacostraca）、十足目（Decapoda）、匙指虾科（Atyidae）、新米虾属（*Neocaridina*）。

地位作用　锯齿新米虾是我国虾蟹类观赏种。主要用途为观赏、食用、用作饵料生物。

养殖分布　锯齿新米虾主要在我国华东、华南、西南、东北等地区养殖，包括辽宁、江苏、山东、海南、云南等。

养殖模式　锯齿新米虾的养殖水体为淡水，主要养殖模式包括水族箱养殖、工厂化养殖等。

开发利用情况　锯齿新米虾为本土种，是21世纪初开发的观赏类资源。最早的观赏锯齿新米虾是樱花虾，是由野生型的黑壳虾的红色突变体选育而来，目前已有红色系、蓝色系、橙色系、巧克力色系、透明色系等多个锯齿新米虾色系被培育出来。全国共普查到3个繁育主体开展该资源的活体保种和/或苗种生产。

587. 中华小长臂虾（*Palaemonetes sinensis*）

俗名 花腰虾。

（胡清彪 提供）

分类地位 动物界（Animalia）、节肢动物门（Arthropoda）、软甲纲（Malacostraca）、十足目（Decapoda）、长臂虾科（Palaemonidae）、小长臂虾属（*Palaemonetes*）。

地位作用 中华小长臂虾是我国虾蟹类区域特色养殖种。主要用途为食用、观赏。

养殖分布 中华小长臂虾主要在我国东北、华北、华东等地区养殖，包括北京、辽宁、吉林、黑龙江、安徽、江西等。

养殖模式 中华小长臂虾的养殖水体为淡水，主要养殖模式包括池塘养殖、稻田养殖等，主要为单养，也可与中华绒螯蟹、泥鳅等混养。

开发利用情况 中华小长臂虾为本土种，自然分布于黑龙江、吉林、辽宁、河北、江苏、福建、云南等温带和寒带地区淡水水域，是我国近年来开发的养殖种，已解决其人工苗种繁育技术，目前在辽宁、吉林等地已形成一定的养殖规模。全国共普查到2个繁育主体开展该资源的活体保种和/或苗种生产。

590.红星梭子蟹（*Portunus sanguinolentus*）

俗名 三星蟹、三点蟹、红点蟹。

（张寒野 提供）

分类地位 动物界（Animalia）、节肢动物门（Arthropoda）、软甲纲（Malacostraca）、十足目（Decapoda）、梭子蟹科（Portunidae）、梭子蟹属（*Portunus*）。

地位作用 红星梭子蟹是我国虾蟹类潜在养殖种。主要用途为食用。

养殖分布 红星梭子蟹主要在我国福建等沿海地区养殖。

养殖模式 红星梭子蟹的养殖水体为海水，主要养殖模式为池塘养殖。

开发利用情况 红星梭子蟹为本土种，自然分布于整个印度洋-太平洋暖水区，在我国分布于东海南部以及南海的福建、台湾、广东、广西和海南等海域。红星梭子蟹是我国近年来开发的养殖种，目前仍处于暂养或试养阶段。

贝 类

国家水产养殖
种质资源种类
名录（图文版）

下 册

贝　类

591.长牡蛎（*Crassostrea gigas*）

俗名　海蛎子、生蚝、太平洋牡蛎（别名）。

（张跃环　提供）

分类地位　动物界（Animalia）、软体动物门（Mollusca）、双壳纲（Bivalvia）、珍珠贝目（Pterioida）、牡蛎科（Ostreidae）、巨牡蛎属（*Crassostrea*）。

地位作用　长牡蛎是我国海水贝类主养种。主要用途为食用。

养殖分布　长牡蛎主要在我国黄渤海、东海等沿海地区养殖，包括山东、辽宁、江苏、浙江等。

养殖模式　长牡蛎养殖水体为海水，主要养殖模式包括延绳养殖、浮筏养殖等，主要为单养或与裙带菜、龙须菜、鲍等间养、轮养等。

开发利用情况　长牡蛎为本土种，自然分布于日本、韩国和中国，在我国主要分布于长江口以北的黄渤海潮下带浅海水域。我国养殖的长牡蛎主要为20世纪70～80年代从日本引进后改良的长牡蛎养殖群体，已解决其人工苗种繁育技术。已有"海大1号""海大2号""海大3号""鲁益1号""海蛎1号"等品种通过全国水产原种和良种审定委员会审定。全国共有60个繁育主体开展该资源的活体保种和/或苗种生产。

592.香港牡蛎（*Crassostrea hongkongensis*）

俗名 大蚝、白肉、白蚝、钦州大蚝。

（罗永巨 提供）

分类地位 动物界（Animalia）、软体动物门（Mollusca）、双壳纲（Bivalvia）、珍珠贝目（Pterioida）、牡蛎科（Ostreidae）、巨牡蛎属（*Crassostrea*）。

地位作用 香港牡蛎是我国贝类主养种。主要用途为食用。

养殖分布 香港牡蛎主要在我国南海、东海等沿海地区养殖，包括福建、广东、广西、海南等。

养殖模式 香港牡蛎的养殖水体为半咸水和海水，主要养殖模式包括分段式高效养殖、延绳养殖、浮筏养殖等。

开发利用情况 香港牡蛎为本土种，主要分布在广东、广西、海南和福建一带。20世纪80年代解决了其人工苗种繁育技术。全国共普查到14个繁育主体开展该资源的活体保种和/或苗种生产。

593.近江牡蛎（*Crassostrea ariakensis*）

（张跃环　提供）

分类地位　动物界（Animalia）、软体动物门（Mollusca）、双壳纲（Bivalvia）、珍珠贝目（Pterioida）、牡蛎科（Ostreidae）、巨牡蛎属（*Crassostrea*）。

地位作用　近江牡蛎是我国海水贝类主养种香港牡蛎的近缘种。主要用途为食用。

养殖分布　近江牡蛎主要在我国南海、东海等沿海地区养殖，包括浙江、福建、广东、广西、海南等。

养殖模式　近江牡蛎的养殖水体为半咸水和海水，主要养殖模式包括桩架养殖、浮筏养殖、延绳养殖等。

开发利用情况　近江牡蛎为本土种，在我国沿海各地均有分布。21世纪初解决了其人工苗种繁育技术。全国共普查到9个繁育主体开展该资源的活体保种和/或苗种生产。

594.福建牡蛎（*Crassostrea angulata*）

俗名 蚵、蚝、牡蛎、海蛎、葡萄牙牡蛎（别名）。

（张跃环 提供）

分类地位 动物界（Animalia）、软体动物门（Mollusca）、双壳纲（Bivalvia）、珍珠贝目（Pterioida）、牡蛎科（Ostreidae）、巨牡蛎属（*Crassostrea*）。

地位作用 福建牡蛎是我国海水贝类主养种。主要用途为食用。

养殖分布 福建牡蛎主要在我国东海、南海等沿海地区养殖，包括福建、浙江、广东、广西、海南等。

养殖模式 福建牡蛎的养殖水体为海水，主要养殖模式包括棚架养殖、延绳养殖、浮筏养殖等。

开发利用情况 福建牡蛎为本土种，广泛分布于浙江、福建、广东沿海的潮间带地区。21世纪初解决了其人工苗种繁育技术。已有福建牡蛎"金蛎1号"等品种通过全国水产原种和良种审定委员会审定。全国共普查到42个繁育主体开展该资源的活体保种和/或苗种生产。

595.熊本牡蛎（*Crassostrea sikamea*）

俗名 蚝蛎、黄蚝、铁钉蚝。

（张跃环 提供）

分类地位 动物界（Animalia）、软体动物门（Mollusca）、双壳纲（Bivalvia）、珍珠贝目
（Pterioida）、牡蛎科（Ostreidae）、巨牡蛎属（*Crassostrea*）。

地位作用 熊本牡蛎是我国海水贝类主养种香港牡蛎的近缘种。主要用途为食用。

养殖分布 熊本牡蛎主要在我国东海、南海等沿海地区养殖，包括浙江、福建、广西等。

养殖模式 熊本牡蛎的养殖水体为半咸水和海水，主要养殖模式包括浮筏养殖、桩式（沉
排）养殖等。

开发利用情况 熊本牡蛎为本土种，21世纪初解决了其人工苗种繁育技术。已有"华海1号"
等品种通过全国水产原种和良种审定委员会审定。全国共普查到1个繁育主体开展该资源的活体
保种和/或苗种生产。

596.长牡蛎"海大1号"(*Crassostrea gigas*)

俗名 海大1号、海蛎子、生蚝、太平洋牡蛎(别名)。

分类地位 动物界(Animalia)、软体动物门(Mollusca)、双壳纲(Bivalvia)、珍珠贝目(Pterioida)、牡蛎科(Ostreidae)、巨牡蛎属(*Crassostrea*)。

地位作用 长牡蛎"海大1号"是我国培育的第1个长牡蛎品种,主选性状是生长速度和壳形。在相同养殖条件下,与未经选育的长牡蛎相比,15月龄贝平均壳高提高16.2%,总湿重提高24.6%,出肉率提高18.7%。主要用途为食用。

养殖分布 长牡蛎"海大1号"主要在我国黄渤海等沿海地区养殖,包括辽宁、山东等。

养殖模式 长牡蛎"海大1号"的养殖水体为人工可控的海水水域,主要养殖模式包括浮筏养殖、滩涂养殖等,主要为单养,也可与对虾等进行混养。

开发利用情况 长牡蛎"海大1号"为培育种,由中国海洋大学培育,2013年通过全国水产原种和良种审定委员会审定。全国共普查到7个繁育主体开展该资源的活体保种和/或苗种生产。

597. 长牡蛎 "海大2号" (*Crassostrea gigas*)

俗名 海大2号、海蛎子、生蚝、太平洋牡蛎（别名）。

（李琪 提供）

分类地位 动物界（Animalia）、软体动物门（Mollusca）、双壳纲（Bivalvia）、珍珠贝目（Pterioida）、牡蛎科（Ostreidae）、巨牡蛎属（*Crassostrea*）。

地位作用 长牡蛎 "海大2号" 是我国培育的长牡蛎品种，主选性状是壳色和壳高。贝壳和外套膜均为金黄色。在相同养殖条件下，与未经选育的长牡蛎相比，15月龄贝壳高平均提高39.7%。主要用途为食用。

养殖分布 长牡蛎 "海大2号" 主要在我国山东等沿海地区养殖。

养殖模式 长牡蛎 "海大2号" 的养殖水体为人工可控的海水水域，主要养殖模式包括浮筏养殖、滩涂养殖等，主要为单养，也可与对虾等进行混养。

开发利用情况 长牡蛎 "海大2号" 为培育种，由中国海洋大学、烟台海益苗业有限公司联合培育，2016年通过全国水产原种和良种审定委员会审定。全国共普查到2个繁育主体开展该资源的活体保种和/或苗种生产。

598.长牡蛎"海大3号"（*Crassostrea gigas*）

俗名 海大3号、海蛎子、生蚝、太平洋牡蛎（别名）。

分类地位 动物界（Animalia）、软体动物门（Mollusca）、双壳纲（Bivalvia）、珍珠贝目（Pterioida）、牡蛎科（Ostreidae）、巨牡蛎属（*Crassostrea*）。

地位作用 长牡蛎"海大3号"是我国培育的长牡蛎品种，主选性状是壳色和生长速度。在相同养殖条件下，与未经选育的长牡蛎相比，10月龄贝壳高平均提高32.9%，软体部重平均提高64.5%，左右壳和外套膜均为黑色，黑色性状比例达100%。主要用途为食用。

养殖分布 长牡蛎"海大3号"主要在我国黄渤海等沿海地区养殖，包括河北、山东等。

养殖模式 长牡蛎"海大3号"的养殖水体为人工可控的海水水域，主要养殖模式包括浮筏养殖等，主要为单养，也可与对虾进行混养。

开发利用情况 长牡蛎"海大3号"为培育种，由中国海洋大学、烟台海益苗业有限公司、乳山华信食品有限公司联合培育，2018年通过全国水产原种和良种审定委员会审定。全国共普查到2个繁育主体开展该资源的活体保种和/或苗种生产。

599. 长牡蛎 "鲁益1号"（*Crassostrea gigas*）

俗名 鲁益1号、海蛎子、生蚝、太平洋牡蛎（别名）。

（王卫军 提供）

分类地位 动物界（Animalia）、软体动物门（Mollusca）、双壳纲（Bivalvia）、珍珠贝目（Pterioida）、牡蛎科（Ostreidae）、巨牡蛎属（*Crassostrea*）。

地位作用 长牡蛎 "鲁益1号" 是我国培育的长牡蛎品种，主选性状是糖原含量。在相同养殖条件下，与未经选育的长牡蛎相比，1龄商品贝软体组织糖原含量（干样）平均提高19.3%。主要用途为食用。

养殖分布 长牡蛎 "鲁益1号" 主要在我国山东等沿海地区养殖。

养殖模式 长牡蛎 "鲁益1号" 的养殖水体为人工可控的海水水域，主要养殖模式包括浮筏养殖、单体养殖等。

开发利用情况 长牡蛎 "鲁益1号" 为培育种，由鲁东大学、山东省海洋资源与环境研究院、烟台海益苗业有限公司、烟台市崆峒岛实业有限公司联合培育，2020年通过全国水产原种和良种审定委员会审定。全国共普查到2个繁育主体开展该资源的活体保种和/或苗种生产。

604.栉孔扇贝（*Chlamys farreri*）

俗名 法尔海扇蛤、海扇、干贝蛤。

（黄晓婷　提供）

分类地位 动物界（Animalia）、软体动物门（Mollusca）、双壳纲（Bivalvia）、海扇蛤目（Pectinida）、扇贝科（Pectinidae）、栉孔扇贝属（*Chlamys*）。

地位作用 栉孔扇贝是我国海水贝类主养种。主要用途为食用、观赏。

养殖分布 栉孔扇贝主要在我国黄渤海、东海等沿海地区养殖，包括辽宁、浙江、山东等。

养殖模式 栉孔扇贝的养殖水体为海水，主要养殖模式包括吊笼养殖等，主要为单养。

开发利用情况 栉孔扇贝为本土种，是我国开发的养殖海水贝类之一，20世纪70年代解决了其人工苗种繁育技术。已有"蓬莱红""蓬莱红2号"等品种通过全国水产原种和良种审定委员会审定。全国共有7个繁育主体开展该资源的活体保种和/或苗种生产。

605.华贵栉孔扇贝（*Chlamys nobilis*）

俗名 高贵海扇蛤。

（方增冰 提供）

分类地位 动物界（Animalia）、软体动物门（Mollusca）、双壳纲（Bivalvia）、海扇蛤目（Pectinida）、扇贝科（Pectinidae）、栉孔扇贝属（*Chlamys*）。

地位作用 华贵栉孔扇贝是我国海水贝类主养种栉孔扇贝的近缘种。主要用途为食用、观赏。

养殖分布 华贵栉孔扇贝主要在我国南海、东海等沿海地区养殖，包括福建、广东等。

养殖模式 华贵栉孔扇贝的养殖水体为海水，主要养殖模式包括网箱养殖等，除单养外，也采用与海藻套养等养殖方式。

开发利用情况 华贵栉孔扇贝为本土种，20世纪80年代解决了其人工苗种繁育技术。已有"南澳金贝"等品种通过全国水产原种和良种审定委员会审定。全国共普查到9个繁育主体开展该资源的活体保种和/或苗种生产。

606. 海湾扇贝（*Argopecten irradians*）

俗名 大西洋内湾扇贝。

（邢强 提供）

分类地位 动物界（Animalia）、软体动物门（Mollusca）、双壳纲（Bivalvia）、海扇蛤目（Pectinida）、扇贝科（Pectinidae）、海湾扇贝属（*Argopecten*）。

地位作用 海湾扇贝是我国海水贝类主养种。主要用途为食用。

养殖分布 海湾扇贝主要在我国黄渤海、东海等沿海地区养殖，包括河北、辽宁、山东、浙江、福建等。

养殖模式 海湾扇贝的养殖水体为人工可控的海水水域，主要养殖模式为浮筏养殖，也可在池塘中与对虾进行混养。

开发利用情况 海湾扇贝为引进种，自然分布于美国大西洋沿岸，20世纪80年代由中国科学院海洋研究所引进，随后解决了其人工苗种繁育技术。目前已有"中科红""中科2号""渤海红""海益丰12""青农2号""青农金贝"等品种通过全国水产原种和良种审定委员会审定。全国共普查到69个繁育主体开展该资源的活体保种和/或苗种生产。

607. 虾夷扇贝（*Patinopecten yessoensis*）

俗名 帆立贝。

（黄晓婷 提供）

分类地位 动物界（Animalia）、软体动物门（Mollusca）、双壳纲（Bivalvia）、海扇蛤目（Pectinida）、扇贝科（Pectinidae）、扇贝属（*Patinopecten*）。

地位作用 虾夷扇贝是我国海水贝类主养种。主要用途为食用。

养殖分布 虾夷扇贝主要在我国黄渤海等沿海地区养殖，包括辽宁、山东等。

养殖模式 虾夷扇贝的养殖水体为人工可控的海水水域，主要养殖模式包括浮筏养殖、底播养殖等。

开发利用情况 虾夷扇贝为引进种，自然分布于俄罗斯、日本等地，20世纪80年代从日本引进我国，随后解决了其人工苗种繁育技术。已有"海大金贝""獐子岛红""明月贝"等品种通过全国水产原种和良种审定委员会审定。全国共普查到62个繁育主体开展该资源的活体保种和/或苗种生产。

608.紫扇贝（*Argopecten purpuratus*）

俗名 无。

（王春德 提供）

分类地位 动物界（Animalia）、软体动物门（Mollusca）、双壳纲（Bivalvia）、珍珠贝目（Pterioida）、扇贝科（Pectinidae）、海湾扇贝属（*Argopecten*）。

地位作用 紫扇贝是我国海水贝类主养种。主要用途为食用。

养殖分布 紫扇贝主要在我国黄渤海等沿海地区养殖，包括山东、辽宁等。

养殖模式 紫扇贝的养殖水体为人工可控的海水水域，主要养殖模式包括浮筏养殖等。

开发利用情况 紫扇贝为引进种，原产于南太平洋。于2007年从秘鲁中部海域引进我国，近年来已解决其人工苗种繁育技术。已有"渤海红""青农2号""青农金贝"等品种通过全国水产原种和良种审定委员会审定。全国共普查到5个繁育主体开展该资源的活体保种和/或苗种生产。

609. "蓬莱红"扇贝（*Chlamys farreri*）

俗名 蓬莱红、法尔海扇蛤（中国台湾）、海扇、干贝蛤。

（黄晓婷 提供）

分类地位 动物界（Animalia）、软体动物门（Mollusca）、双壳纲（Bivalvia）、海扇蛤目（Pectinida）、扇贝科（Pectinidae）、栉孔扇贝属（*Chlamys*）。

地位作用 "蓬莱红"扇贝是我国培育的第1个扇贝品种，主选性状是生长速度。在相同养殖条件下，与未经选育的栉孔扇贝相比，平均增产35.0%~68.0%。主要用途为食用。

养殖分布 "蓬莱红"扇贝主要在我国黄渤海等沿海地区养殖，包括辽宁、山东等。

养殖模式 "蓬莱红"扇贝的养殖水体为人工可控的海水水域，主要养殖模式包括浮筏养殖等。

开发利用情况 "蓬莱红"扇贝为培育种，由中国海洋大学培育，2005年通过全国水产原种和良种审定委员会审定。

610.栉孔扇贝"蓬莱红2号"
（*Chlamys farreri*）

俗名 蓬莱红2号、法尔海扇蛤（中国台湾）、海扇、干贝蛤。

分类地位 动物界（Animalia）、软体动物门（Mollusca）、双壳纲（Bivalvia）、海扇蛤目（Pectinida）、扇贝科（Pectinidae）、栉孔扇贝属（*Chlamys*）。

地位作用 栉孔扇贝"蓬莱红2号"是我国培育的栉孔扇贝品种，主选性状是生长速度。在相同养殖条件下，2龄贝较普通栉孔扇贝生产用种增产53.46%，较"蓬莱红"扇贝提高25.43%。主要用途为食用。

养殖分布 栉孔扇贝"蓬莱红2号"主要在我国黄渤海等沿海地区养殖，包括辽宁、山东等。

养殖模式 栉孔扇贝"蓬莱红2号"的养殖水体为人工可控的海水水域，主要养殖模式包括浮筏养殖等。

开发利用情况 栉孔扇贝"蓬莱红2号"为培育种，由中国海洋大学、威海长青海洋科技股份有限公司、青岛八仙墩海珍品养殖有限公司联合培育，2013年通过全国水产原种和良种审定委员会审定。全国共普查到1个繁育主体开展该资源的活体保种和/或苗种生产。

611.华贵栉孔扇贝 "南澳金贝"（*Chlamys nobilis*）

俗名 南澳金贝。

分类地位 动物界（Animalia）、软体动物门（Mollusca）、双壳纲（Bivalvia）、海扇蛤目（Pectinida）、扇贝科（Pectinidae）、栉孔扇贝属（*Chlamys*）。

地位作用 华贵栉孔扇贝 "南澳金贝" 是我国培育的第1个华贵栉孔扇贝品种，主选性状是闭壳肌和壳色。贝壳、闭壳肌和外套膜均为金黄色，色泽纯度达到98.0%以上。在相同养殖条件下，1龄贝类胡萝卜素含量是未经选育的华贵栉孔扇贝的10.8倍。主要用途为食用。

养殖分布 华贵栉孔扇贝 "南澳金贝" 主要在我国广东等沿海地区养殖。

养殖模式 华贵栉孔扇贝 "南澳金贝" 的养殖水体为人工可控的海水水域，主要养殖模式包括浮筏养殖、底播养殖、网箱养殖等。

开发利用情况 华贵栉孔扇贝 "南澳金贝" 为培育种，由汕头大学培育，2014年通过全国水产原种和良种审定委员会审定。

612. "中科红"海湾扇贝
(*Argopecten irradians*)

俗名 中科红、大西洋内湾扇贝。

分类地位 动物界（Animalia）、软体动物门（Mollusca）、双壳纲（Bivalvia）、海扇蛤目（Pectinida）、扇贝科（Pectinidae）、海湾扇贝属（*Argopecten*）。

地位作用 "中科红"海湾扇贝是我国培育的第1个海湾扇贝品种，主选性状是体色、壳形和生长速度。在相同养殖条件下，与未经选育的海湾扇贝相比，"中科红"具有壳色美观、生长速度快、闭壳肌规格大、出肉柱率高等优点。主要用途为食用。

养殖分布 "中科红"海湾扇贝主要在我国黄渤海等沿海地区养殖，包括辽宁、山东等。

养殖模式 "中科红"海湾扇贝的养殖水体为人工可控的海水水域，主要养殖模式包括浮筏养殖等。

开发利用情况 "中科红"海湾扇贝为培育种，由中国科学院海洋研究所培育，2006年通过全国水产原种和良种审定委员会审定。

613.海湾扇贝 "中科2号" (*Argopecten irradians*)

俗名 中科2号、大西洋内湾扇贝。

分类地位 动物界（Animalia）、软体动物门（Mollusca）、双壳纲（Bivalvia）、海扇蛤目（Pectinida）、扇贝科（Pectinidae）、海湾扇贝属（*Argopecten*）。

地位作用 海湾扇贝 "中科2号" 是我国培育的海湾扇贝品种，主选性状是壳色和生长速度。该品种壳色美观，96％以上个体为紫色。在相同养殖条件下，与未经选育的海湾扇贝相比，"中科2号" 平均壳长、壳高、全湿重和闭壳肌重量分别提高14.69％、13.66％、26.57％和49.23％。主要用途为食用。

养殖分布 海湾扇贝 "中科2号" 主要在我国黄渤海等沿海地区养殖，包括河北、山东等。

养殖模式 海湾扇贝 "中科2号" 的养殖水体为人工可控的海水水域，主要养殖模式包括浮筏养殖等。

开发利用情况 海湾扇贝 "中科2号" 为培育种，由中国科学院海洋研究所培育，2011年通过全国水产原种和良种审定委员会审定。

614.海湾扇贝"海益丰12"
（*Argopecten irradians*）

俗名 海益丰12、大西洋内湾扇贝。

（邢强 提供）

分类地位 动物界（Animalia）、软体动物门（Mollusca）、双壳纲（Bivalvia）、海扇蛤目（Pectinida）、扇贝科（Pectinidae）、海湾扇贝属（*Argopecten*）。

地位作用 海湾扇贝"海益丰12"是我国培育的海湾扇贝品种，主选性状是壳色、壳高和抗逆性。贝壳为黑褐色。在相同养殖条件下，与未经选育的海湾扇贝相比，7月龄贝壳高平均提高31.5%，成活率平均提高13.2%。主要用途为食用。

养殖分布 海湾扇贝"海益丰12"主要在我国黄渤海等沿海地区养殖，包括河北、山东等。

养殖模式 海湾扇贝"海益丰12"的养殖水体为人工可控的海水水域，主要养殖模式包括浮筏养殖等。

开发利用情况 海湾扇贝"海益丰12"为培育种，由中国海洋大学、烟台海益苗业有限公司联合培育，2016年通过全国水产原种和良种审定委员会审定。全国共普查到1个繁育主体开展该资源的活体保种和/或苗种生产。

615.海大金贝（*Patinopecten yessoensis*）

俗名 海大金贝、帆立贝。

（黄晓婷 提供）

分类地位 动物界（Animalia）、软体动物门（Mollusca）、双壳纲（Bivalvia）、海扇蛤目（Pectinida）、扇贝科（Pectinidae）、扇贝属（*Patinopecten*）。

地位作用 海大金贝是我国培育的第1个虾夷扇贝品种，主选性状是闭壳肌颜色。在相同养殖条件下，与未经选育的虾夷扇贝相比，肉柱呈橘红色，富含类胡萝卜素。主要用途为食用。

养殖分布 海大金贝主要在我国辽宁等沿海地区养殖。

养殖模式 海大金贝的养殖水体为人工可控的海水水域，主要养殖模式包括浮筏养殖等。

开发利用情况 海大金贝为培育种，由中国海洋大学、大连獐子岛渔业集团股份有限公司联合培育，2009年通过全国水产原种和良种审定委员会审定。

616. 虾夷扇贝 "獐子岛红"
(*Patinopecten yessoensis*)

俗名 獐子岛红、帆立贝。

（黄晓婷 提供）

分类地位 动物界（Animalia）、软体动物门（Mollusca）、双壳纲（Bivalvia）、海扇蛤目（Pectinida）、扇贝科（Pectinidae）、扇贝属（*Patinopecten*）。

地位作用 虾夷扇贝"獐子岛红"是我国培育的虾夷扇贝品种，主选性状是壳色和壳高。上壳（左壳）为橘红色。在相同养殖条件下，与未经选育的虾夷扇贝相比，18月龄贝平均壳高提高11.3%。主要用途为食用。

养殖分布 虾夷扇贝"獐子岛红"主要在我国辽宁等沿海地区养殖。

养殖模式 虾夷扇贝"獐子岛红"的养殖水体为人工可控的海水水域，主要养殖模式包括浮筏养殖、底播养殖等。

开发利用情况 虾夷扇贝"獐子岛红"为培育种，由獐子岛集团股份有限公司、中国海洋大学联合培育，2015年通过全国水产原种和良种审定委员会审定。

617. 虾夷扇贝"明月贝"
(*Patinopecten yessoensis*)

俗名 明月贝、帆立贝。

分类地位 动物界（Animalia）、软体动物门（Mollusca）、双壳纲（Bivalvia）、海扇蛤目（Pectinida）、扇贝科（Pectinidae）、扇贝属（*Patinopecten*）。

地位作用 虾夷扇贝"明月贝"是我国培育的虾夷扇贝品种，主选性状是壳色和壳高。贝壳双面均为白色。在相同养殖条件下，与未经选育的虾夷扇贝相比，20月龄贝壳高平均提高12.3%。主要用途为食用。

养殖分布 虾夷扇贝"明月贝"主要在我国辽宁等沿海地区养殖。

养殖模式 虾夷扇贝"明月贝"的养殖水体为人工可控的海水水域，主要养殖模式包括浮筏养殖、底播养殖等。

开发利用情况 虾夷扇贝"明月贝"为培育种，由大连海洋大学、獐子岛集团股份有限公司联合培育，2017年通过全国水产原种和良种审定委员会审定。全国共普查到2个繁育主体开展该资源的活体保种和/或苗种生产。

618.扇贝"渤海红"

俗名 渤海红。

分类地位 杂交种，亲本来源为紫扇贝、海湾扇贝。

地位作用 扇贝"渤海红"是我国培育的扇贝品种，主选性状是壳色和生长速度。贝壳紫红色。在相同养殖条件下，与未经选育的海湾扇贝相比，1龄贝平均体重和闭壳肌重分别提高37.0%以上和49.0%以上。主要用途为食用。

养殖分布 扇贝"渤海红"主要在我国黄渤海等沿海地区养殖，包括河北、辽宁、山东等。

养殖模式 扇贝"渤海红"的养殖水体为人工可控的海水水域，主要养殖模式包括浮筏养殖等。

开发利用情况 扇贝"渤海红"为培育种，由青岛农业大学、青岛海弘达生物科技有限公司联合培育，2015年通过全国水产原种和良种审定委员会审定。全国共普查到5个繁育主体开展该资源的活体保种和/或苗种生产。

619.扇贝"青农2号"

俗名　青农2号。

分类地位　杂交种，亲本来源为紫扇贝（♀）×海湾扇贝（♂）。

地位作用　扇贝"青农2号"是我国培育的扇贝品种，主选性状是壳高和体重。在相同养殖条件下，与未经选育的海湾扇贝相比，7月龄贝壳高平均提高15.6%，体重平均提高45.3%。主要用途为食用。

养殖分布　扇贝"青农2号"主要在我国黄渤海等沿海地区养殖，包括辽宁、山东等。

养殖模式　扇贝"青农2号"的养殖水体为人工可控的海水水域，主要养殖模式包括浮筏养殖等。

开发利用情况　扇贝"青农2号"为培育种，由青岛农业大学、青岛海弘达生物科技有限公司联合培育，2017年通过全国水产原种和良种审定委员会审定。全国共普查到1个繁育主体开展该资源的活体保种和/或苗种生产。

620.扇贝"青农金贝"

俗名 青农金贝。

分类地位 杂交种，亲本来源为紫扇贝与海湾扇贝杂交一代的第三代选育群体。

地位作用 扇贝"青农金贝"是我国培育的扇贝品种，主选性状是闭壳肌颜色。在相同养殖条件下，生长速度与扇贝"渤海红"相比没有显著差别，闭壳肌金黄色的比例为97.0%。主要用途为食用。

养殖分布 扇贝"青农金贝"主要在我国山东等沿海地区养殖。

养殖模式 扇贝"青农金贝"的养殖水体为人工可控的海水水域，主要养殖模式包括吊笼养殖等。

开发利用情况 扇贝"青农金贝"为培育种，由青岛农业大学、中国科学院海洋研究所、烟台海之春水产种业科技有限公司联合培育，2018年通过全国水产原种和良种审定委员会审定。全国共普查到1个繁育主体开展该资源的活体保种和/或苗种生产。

621.皱纹盘鲍（*Haliotis discus hannai*）

俗名 鳆鱼、海耳、镜面鱼、九孔螺。

（游伟伟　提供）

分类地位 动物界（Animalia）、软体动物门（Mollusca）、腹足纲（Gastropoda）、小笠螺目（Lepetellida）、鲍科（Haliotidae）、鲍属（*Haliotis*）。

地位作用 皱纹盘鲍是我国海水贝类主养种。主要用途为食用。

养殖分布 皱纹盘鲍主要在我国黄渤海、东海、南海等沿海地区养殖，包括福建、山东、广东、辽宁等。

养殖模式 皱纹盘鲍的养殖水体为海水，主要养殖模式包括浮筏养殖、沉箱养殖、围堰养殖、工厂化养殖等。

开发利用情况 皱纹盘鲍为本土种，20世纪70年代解决了其人工苗种繁育技术。已有"大连1号"杂交鲍、西盘鲍、绿盘鲍、皱纹盘鲍"寻山1号"等品种通过全国水产原种和良种审定委员会审定。全国共普查到322个繁育主体开展该资源的活体保种和/或苗种生产。

624.绿鲍（*Haliotis fulgens*）

俗名 鲍。

（游伟伟　提供）

分类地位 动物界（Animalia）、软体动物门（Mollusca）、腹足纲（Gastropoda）、小笠螺目（Lepetellida）、鲍科（Haliotidae）、鲍属（*Haliotis*）。

地位作用 绿鲍是我国海水贝类主养种。主要用途为食用。

养殖分布 绿鲍主要在我国福建等沿海地区养殖。

养殖模式 绿鲍的养殖水体为人工可控的海水水域，主要养殖模式包括浮筏养殖、工厂化养殖等。

开发利用情况 绿鲍为引进种，该种在我国无自然分布，2007年厦门大学海洋与环境学院将其从美国加利福尼亚引进至福建海区并驯化养殖成功。已有绿盘鲍等品种通过全国水产原种和良种审定委员会审定。全国共普查到3个繁育主体开展该资源的活体保种和/或苗种生产。

625. "大连1号"杂交鲍
(*Haliotis discus hannai*)

俗名 大连1号。

分类地位 动物界（Animalia）、软体动物门（Mollusca）、腹足纲（Gastropoda）、小笠螺目（Lepetellida）、鲍科（Haliotidae）、鲍属（*Haliotis*）。

地位作用 "大连1号"杂交鲍是我国培育的第1个鲍品种。该杂交种在相同养殖条件下，杂种优势明显，性状稳定，与父母本比较，生长速度平均提高20%以上，成活率提高1.8~2.3倍，适温上限提高4~5℃。主要用途为食用。

养殖分布 "大连1号"杂交鲍主要在我国福建等沿海地区养殖。

养殖模式 "大连1号"杂交鲍的养殖水体为人工可控的海水水域，主要养殖模式包括工厂化养殖、浮筏养殖、沉箱养殖、围堰养殖等。

开发利用情况 "大连1号"杂交鲍为培育种，由中国科学院海洋研究所培育，2004年通过全国水产原种和良种审定委员会审定。

626.皱纹盘鲍"寻山1号"
(*Haliotis discus hannai*)

俗名 寻山1号、鳆鱼、海耳、镜面鱼、九孔螺。

分类地位 动物界（Animalia）、软体动物门（Mollusca）、腹足纲（Gastropoda）、小笠螺目（Lepetellida）、鲍科（Haliotidae）、鲍属（*Haliotis*）。

地位作用 皱纹盘鲍"寻山1号"是我国培育的皱纹盘鲍品种，主选性状是壳长。在相同养殖条件下，与未经选育的皱纹盘鲍相比，18月龄鲍壳长平均提高18.7%。主要用途为食用。

养殖分布 皱纹盘鲍"寻山1号"主要在我国黄渤海、东海等沿海地区养殖，包括山东、福建。

养殖模式 皱纹盘鲍"寻山1号"的养殖水体为人工可控的海水水域，主要养殖模式包括工厂化养殖、围堰养殖、浮筏养殖等。

开发利用情况 皱纹盘鲍"寻山1号"为培育种，由威海长青海洋科技股份有限公司、浙江海洋大学、中国海洋大学联合培育，2021年通过全国水产原种和良种审定委员会审定。全国共普查到1个繁育主体开展该资源的活体保种和/或苗种生产。

627.绿盘鲍

俗名　皇金鲍、绿盘鲍。

分类地位　杂交种，亲本来源为皱纹盘鲍（♀）×绿鲍（♂）。

地位作用　绿盘鲍是我国培育的鲍品种。该杂交种在相同养殖条件下，与母本皱纹盘鲍相比，24月龄鲍体重平均提高56.4%，养殖成活率平均提高19.0%；与父本绿鲍相比，24月龄鲍体重平均提高71.2%，养殖成活率平均提高12.9%。主要用途为食用。

养殖分布　绿盘鲍主要在我国东海、南海、黄渤海等沿海地区养殖，包括福建、广东、山东等。

养殖模式　绿盘鲍的养殖水体为人工可控的海水水域，主要养殖模式包括工厂化养殖、围堰养殖、浮筏养殖等，并有部分采用"南北接力"养殖模式。

开发利用情况　绿盘鲍为培育种，由厦门大学、福建闽锐宝海洋生物科技有限公司联合培育，2018年通过全国水产原种和良种审定委员会审定。全国共普查到319个繁育主体开展该资源的活体保种和/或苗种生产。

628.杂色鲍"东优1号"（*Haliotis diversicolor*）

俗名　东优1号、九孔。

（游伟伟　提供）

　　分类地位　动物界（Animalia）、软体动物门（Mollusca）、腹足纲（Gastropoda）、小笠螺目（Lepetellida）、鲍科（Haliotidae）、鲍属（*Haliotis*）。

　　地位作用　杂色鲍"东优1号"是我国培育的鲍品种。该杂交种在相同养殖条件下，与未经选育的杂色鲍相比，养成阶段成活率和产量都提高35%以上。主要用途为食用。

　　养殖分布　杂色鲍"东优1号"主要在我国东海、南海等沿海地区养殖，包括福建、海南等。

　　养殖模式　杂色鲍"东优1号"的养殖水体为人工可控的海水水域，主要养殖模式包括工厂化养殖、浮筏养殖、沉箱养殖等。

　　开发利用情况　杂色鲍"东优1号"为培育种，由厦门大学培育，2009年通过全国水产原种和良种审定委员会审定。全国共普查到2个繁育主体开展该资源的活体保种和/或苗种生产。

629.西盘鲍

俗名 西盘鲍。

（游伟伟 提供）

分类地位 杂交种，亲本来源为西氏鲍（♀）×皱纹盘鲍（♂）。

地位作用 西盘鲍是我国培育的鲍品种。该杂交种在相同养殖条件下，2龄平均体重比父母本分别提高6.3%和8.9%，养殖成活率比父母本分别提高33.4%和35.0%，高温适应性较强。主要用途为食用。

养殖分布 西盘鲍主要在我国南海、东海等沿海地区养殖，包括福建、广东等。

养殖模式 西盘鲍的养殖水体为人工可控的海水水域，主要养殖模式包括工厂化养殖、浮筏养殖等。

开发利用情况 西盘鲍为培育种，由厦门大学培育，2014年通过全国水产原种和良种审定委员会审定。全国共普查到3个繁育主体开展该资源的活体保种和/或苗种生产。

630.菲律宾蛤仔（*Ruditapes philippinarum*）

俗名 花蛤（南方）、杂色蛤（北方）、沙蚬子（北方）、蛤蜊（山东）。

（方增冰 提供）

分类地位 动物界（Animalia）、软体动物门（Mollusca）、双壳纲（Bivalvia）、帘蛤目（Veneroida）、帘蛤科（Veneridae）、蛤仔属（*Ruditapes*）。

地位作用 菲律宾蛤仔是我国海水贝类主养种。主要用途为食用。

养殖分布 菲律宾蛤仔主要在我国黄渤海、东海、南海等沿海地区养殖，包括辽宁、山东、福建、江苏、广西、广东、浙江、河北等。

养殖模式 菲律宾蛤仔的养殖水体为海水，主要养殖模式包括底播养殖、池塘养殖、滩涂养殖等。

开发利用情况 菲律宾蛤仔为本土种，是我国重要的经济贝类和传统养殖品。已有"斑马蛤""白斑马蛤""斑马蛤2号"等品种通过全国水产原种和良种审定委员会审定。全国共普查到190个繁育主体开展该资源的活体保种和/或苗种生产。

631.文蛤（*Meretrix meretrix*）

俗名 花蛤。

（方增冰 提供）

分类地位 动物界（Animalia）、软体动物门（Mollusca）、双壳纲（Bivalvia）、帘蛤目（Veneroida）、帘蛤科（Veneridae）、文蛤属（*Meretrix*）。

地位作用 文蛤是我国海水贝类主养种。主要用途为食用。文蛤因蛤肉富含氨基酸与琥珀酸而味道鲜美，素有"天下第一鲜"之称。

养殖分布 文蛤主要在我国黄渤海、南海、东海等沿海地区养殖，包括辽宁、江苏、浙江、福建、山东、广东、广西等。

养殖模式 文蛤的养殖水体为半咸水，主要养殖模式包括池塘养殖、底播养殖、滩涂养殖等。

开发利用情况 文蛤为本土种，在我国南北沿海均有分布，并以受淡水影响的内湾及河口近海一带资源最为丰富。已有"科浙1号""万里红""万里2号""科浙2号"等品种通过全国水产原种和良种审定委员会审定。全国共普查到21个繁育主体开展该资源的活体保种和/或苗种生产。

634.菲律宾蛤仔"白斑马蛤"
(*Ruditapes philippinarum*)

俗名 白斑马蛤、花蛤(南方)、杂色蛤(北方)、沙蚬子(北方)、蛤蜊(山东)。

分类地位 动物界(Animalia)、软体动物门(Mollusca)、双壳纲(Bivalvia)、帘蛤目(Veneroida)、帘蛤科(Veneridae)、蛤仔属(*Ruditapes*)。

地位作用 菲律宾蛤仔"白斑马蛤"是我国培育的菲律宾蛤仔品种,主选性状是壳色和壳长。壳面有白底斑马花纹,左壳背缘有一条纵向黑色条带。在相同养殖条件下,与未经选育的菲律宾蛤仔相比,2龄贝壳长平均提高16.5%。主要用途为食用。

养殖分布 菲律宾蛤仔"白斑马蛤"主要在我国黄渤海、东海等沿海地区养殖,包括辽宁、浙江等。

养殖模式 菲律宾蛤仔"白斑马蛤"的养殖水体为人工可控的海水水域,主要养殖模式包括池塘养殖、底播养殖、滩涂养殖等。

开发利用情况 菲律宾蛤仔"白斑马蛤"为培育种,由大连海洋大学、中国科学院海洋研究所联合培育,2016年通过全国水产原种和良种审定委员会审定。全国共普查到2个繁育主体开展该资源的活体保种和/或苗种生产。

635.菲律宾蛤仔"斑马蛤2号"
（*Ruditapes philippinarum*）

俗名　斑马蛤2号、花蛤（南方）、杂色蛤（北方）、沙蚬子（北方）、蛤蜊（山东）。

分类地位　动物界（Animalia）、软体动物门（Mollusca）、双壳纲（Bivalvia）、帘蛤目（Veneroida）、帘蛤科（Veneridae）、蛤仔属（*Ruditapes*）。

地位作用　菲律宾蛤仔"斑马蛤2号"是我国培育的菲律宾蛤仔品种，主选性状是壳色和生长速度。贝壳为暗灰底色、斑马状花纹。在相同养殖条件下，与未经选育的菲律宾蛤仔相比，12月龄贝壳长提高10.6%，全湿重提高19.5%。主要用途为食用。

养殖分布　菲律宾蛤仔"斑马蛤2号"主要在我国辽宁等沿海地区养殖。

养殖模式　菲律宾蛤仔"斑马蛤2号"的养殖水体为人工可控的海水水域，主要养殖模式包括池塘养殖、底播养殖、滩涂养殖等。

开发利用情况　菲律宾蛤仔"斑马蛤2号"为培育种，由大连海洋大学、中国科学院海洋研究所联合培育，2021年通过全国水产原种和良种审定委员会审定。全国共普查到1个繁育主体开展该资源的活体保种和/或苗种生产。

636. 文蛤"科浙1号"（*Meretrix meretrix*）

俗名 科浙1号、花蛤。

分类地位 动物界（Animalia）、软体动物门（Mollusca）、双壳纲（Bivalvia）、帘蛤目（Veneroida）、帘蛤科（Veneridae）、文蛤属（*Meretrix*）。

地位作用 文蛤"科浙1号"是我国培育的第1个文蛤品种，主选性状是生长速度和壳纹特征。在相同养殖条件下，与未经选育的文蛤相比，26月龄贝平均体重、壳长、壳高、壳宽分别提高31.6%、21.7%、23.2%、20.3%，个体均匀，黑斑花纹特征明显。主要用途为食用。

养殖分布 文蛤"科浙1号"主要在我国东海等沿海地区养殖，包括浙江、福建等。

养殖模式 文蛤"科浙1号"的养殖水体为人工可控的海水水域，主要养殖模式包括池塘养殖、底播养殖、滩涂养殖等。

开发利用情况 文蛤"科浙1号"为培育种，由中国科学院海洋研究所、浙江省海洋水产养殖研究所联合培育，2013年通过全国水产原种和良种审定委员会审定。全国共普查到2个繁育主体开展该资源的活体保种和/或苗种生产。

637. 文蛤"万里红"（*Meretrix meretrix*）

俗名 万里红、花蛤。

分类地位 动物界（Animalia）、软体动物门（Mollusca）、双壳纲（Bivalvia）、帘蛤目（Veneroida）、帘蛤科（Veneridae）、文蛤属（*Meretrix*）。

地位作用 文蛤"万里红"是我国培育的文蛤品种，主选性状是枣红壳色和生长速度。枣红壳色个体比例达100%。在相同养殖条件下，与未经选育的文蛤相比，2龄贝平均体重提高24.1%。主要用途为食用。

养殖分布 文蛤"万里红"主要在我国黄渤海、东海等沿海地区养殖，包括江苏、浙江等。

养殖模式 文蛤"万里红"的养殖水体为人工可控的海水水域，主要养殖模式包括池塘养殖、底播养殖、滩涂养殖等。

开发利用情况 文蛤"万里红"为培育种，由浙江万里学院培育，2014年通过全国水产原种和良种审定委员会审定。全国共普查到1个繁育主体开展该资源的活体保种和/或苗种生产。

638.文蛤"万里2号"（*Meretrix meretrix*）

俗名 万里2号、花蛤。

分类地位 动物界（Animalia）、软体动物门（Mollusca）、双壳纲（Bivalvia）、帘蛤目（Veneroida）、帘蛤科（Veneridae）、文蛤属（*Meretrix*）。

地位作用 文蛤"万里2号"是我国培育的文蛤品种，主选性状是壳色和体重。贝壳为暗灰底色、锯齿花纹。在相同养殖条件下，与未经选育的文蛤相比，2龄贝体重平均增加34.8%。主要用途为食用。

养殖分布 文蛤"万里2号"主要在我国黄渤海、东海等沿海地区养殖，包括江苏、浙江等。

养殖模式 文蛤"万里2号"的养殖水体为人工可控的海水水域，主要养殖模式包括池塘养殖、滩涂养殖等。

开发利用情况 文蛤"万里2号"为培育种，由浙江万里学院培育，2017年通过全国水产原种和良种审定委员会审定。

639. 文蛤"科浙2号"（*Meretrix meretrix*）

俗名 科浙2号、花蛤。

分类地位 动物界（Animalia）、软体动物门（Mollusca）、双壳纲（Bivalvia）、帘蛤目（Veneroida）、帘蛤科（Veneridae）、文蛤属（*Meretrix*）。

地位作用 文蛤"科浙2号"是我国培育的文蛤品种，主选性状是抗弧菌病和生长速度。在相同养殖条件下，与未经选育的文蛤相比，抗副溶血弧菌能力平均提高44.2%，养殖成活率平均提高28.2%，产量平均提高25.6%。主要用途为食用。

养殖分布 文蛤"科浙2号"主要在我国浙江等沿海地区养殖。

养殖模式 文蛤"科浙2号"的养殖水体为人工可控的海水水域，主要养殖模式包括池塘养殖、滩涂养殖等。

开发利用情况 文蛤"科浙2号"为培育种，由中国科学院海洋研究所、浙江省海洋水产养殖研究所联合培育，2021年通过全国水产原种和良种审定委员会审定。全国共普查到2个繁育主体开展该资源的活体保种和/或苗种生产。

640.缢蛏（*Sinonovacula constricta*）

俗名 蛏子、蜻子。

（董迎辉 提供）

分类地位 动物界（Animalia）、软体动物门（Mollusca）、双壳纲（Bivalvia）、帘蛤目（Veneroida）、截蛏科（Solecurtidae）、缢蛏属（*Sinonovacula*）。

地位作用 缢蛏是我国海水贝类主养种。主要用途为食用。

养殖分布 缢蛏主要在我国东海、黄渤海、南海等沿海地区养殖，包括浙江、福建、山东、江苏、辽宁、广东、河北、广西等。主产区在浙江、福建两省。

养殖模式 缢蛏的养殖水体为海水，主要养殖模式包括滩涂养殖、池塘养殖等。

开发利用情况 缢蛏为本土种，在我国沿海地区广泛养殖，20世纪80年代解决了其人工苗种繁育技术。已有"申浙1号""甬乐1号"等品种通过全国水产原种和良种审定委员会审定。全国共普查到102个繁育主体开展该资源的活体保种和/或苗种生产。

641.缢蛏"申浙1号"（*Sinonovacula constricta*）

俗名 申浙1号、蛏子、蜻子。

分类地位 动物界（Animalia）、软体动物门（Mollusca）、双壳纲（Bivalvia）、帘蛤目（Veneroida）、截蛏科（Solecurtidae）、缢蛏属（*Sinonovacula*）。

地位作用 缢蛏"申浙1号"是我国培育的第1个缢蛏品种，主选性状是壳长和体重。在相同养殖条件下，与未经选育的缢蛏相比，9月龄缢蛏壳长和体重分别平均提高17.4%和38.2%。主要用途为食用。

养殖分布 缢蛏"申浙1号"主要在我国东海、黄渤海等沿海地区养殖，包括浙江、江苏、辽宁、天津等。

养殖模式 缢蛏"申浙1号"的养殖水体为人工可控的海水水域，主要养殖模式包括滩涂养殖、池塘养殖等。

开发利用情况 缢蛏"申浙1号"为培育种，由上海海洋大学、三门东航水产育苗科技有限公司联合培育，2017年通过全国水产原种和良种审定委员会审定。全国共普查到2个繁育主体开展该资源的活体保种和/或苗种生产。

646.泥蚶"乐清湾1号"（*Tegillarca granosa*）

俗名 乐清湾1号、血蚶、花蚶、粒蚶。

（任鹏 提供）

分类地位 动物界（Animalia）、软体动物门（Mollusca）、双壳纲（Bivalvia）、蚶目（Arcoida）、蚶科（Arcidae）、泥蚶属（*Tegillarca*）。

地位作用 泥蚶"乐清湾1号"是我国培育的第1个泥蚶品种，主选性状是生长速度。在相同养殖条件下，与未经选育的泥蚶相比，27月龄泥蚶平均体重和壳长分别提高31.0%和1.4%。主要用途为食用。

养殖分布 泥蚶"乐清湾1号"主要在我国浙江等沿海地区养殖。

养殖模式 泥蚶"乐清湾1号"的养殖水体为人工可控的海水水域，主要养殖模式包括池塘养殖、滩涂养殖等。

开发利用情况 泥蚶"乐清湾1号"为培育种，由浙江省海洋水产养殖研究所、中国科学院海洋研究所联合培育，2014年通过全国水产原种和良种审定委员会审定。全国共普查到4个繁育主体开展该资源的活体保种和/或苗种生产。

647. 紫贻贝（*Mytilus edulis*）

俗名 紫壳菜蛤、海红、淡菜。

（方增冰 提供）

分类地位 动物界（Animalia）、软体动物门（Mollusca）、双壳纲（Bivalvia）、贻贝目（Mytiloida）、贻贝科（Mytilidae）、贻贝属（*Mytilus*）。

地位作用 紫贻贝是我国海水贝类主养种。主要用途为食用。

养殖分布 紫贻贝主要在我国黄渤海、东海等沿海地区养殖，包括山东、浙江、福建、江苏、辽宁等。

养殖模式 紫贻贝的养殖水体为海水，主要养殖模式包括延绳养殖、浮筏养殖、棚架养殖等。

开发利用情况 紫贻贝为本土种，国内养殖苗种大多数来自海区自然采苗，20世纪70年代解决了其人工苗种繁育技术。全国共普查到1个繁育主体开展该资源的活体保种和/或苗种生产。

648. 厚壳贻贝（*Mytilus coruscus*）

俗名 壳菜、淡菜、海虹。

（霍忠明 提供）

分类地位 动物界（Animalia）、软体动物门（Mollusca）、双壳纲（Bivalvia）、贻贝目（Mytiloida）、贻贝科（Mytilidae）、贻贝属（*Mytilus*）。

地位作用 厚壳贻贝是我国海水贝类主养种紫贻贝的近缘种。主要用途为食用。

养殖分布 厚壳贻贝主要在我国东海、黄渤海等沿海地区养殖，包括浙江、辽宁、福建、山东等。

养殖模式 厚壳贻贝的养殖水体为海水，主要养殖模式包括延绳养殖、浮筏养殖等。

开发利用情况 厚壳贻贝为本土种，养殖苗种目前仍主要来源于自然采苗和半人工采苗。该资源尚处于解决规模化人工繁殖阶段。全国共普查到8个繁育主体开展该资源的活体保种和/或苗种生产。

649.翡翠贻贝（*Perna viridis*）

俗名 青口、绿壳菜蛤、淡菜、东海夫人。

（骆启豪 提供）

分类地位 动物界（Animalia）、软体动物门（Mollusca）、双壳纲（Bivalvia）、贻贝目（Mytiloida）、贻贝科（Mytilidae）、股贻贝属（*Perna*）。

地位作用 翡翠贻贝是我国海水贝类主养种紫贻贝的近缘种。主要用途为食用。

养殖分布 翡翠贻贝主要在我国东海、南海等沿海地区养殖，包括广东、福建、广西等。

养殖模式 翡翠贻贝的养殖水体为海水，主要养殖模式包括桩架养殖、浮筏养殖等。

开发利用情况 翡翠贻贝为本土种，在我国主要分布于亚热带和热带海域。目前翡翠贻贝养殖生产的种苗主要来自于海区采苗。该资源尚处于解决规模化人工繁殖阶段。

650.方斑东风螺（*Babylonia areolata*）

俗名　花螺、旺螺（福建）、香螺（广东）、凤螺（台湾）。

（赵旺　提供）

分类地位　动物界（Animalia）、软体动物门（Mollusca）、腹足纲（Gastropoda）、新腹足目（Neogastropoda）、凤螺科（Babyloniidae）、东风螺属（*Babylonia*）。

地位作用　方斑东风螺是我海水贝类主养种。主要用途为食用、观赏。

养殖分布　方斑东风螺主要在我国南海、东海等沿海地区养殖，包括福建、广东、广西、海南等。

养殖模式　方斑东风螺的养殖水体为海水，主要养殖模式包括工厂化养殖等。

开发利用情况　方斑东风螺为本土种，是我国开发的养殖海水贝类之一，21世纪初解决了其人工苗种繁育技术。已有"海泰1号"等品种通过全国水产原种和良种审定委员会审定。全国共普查到12个繁育主体开展该资源的活体保种和/或苗种生产。

651. 泥螺（*Bullacta caurina*）

俗名　麦螺、梅螺、吐铁（上海、江苏）、黄泥螺（浙江）、泥糍等。

（方增冰　提供）

分类地位　动物界（Animalia）、软体动物门（Mollusca）、腹足纲（Gastropoda）、头楯目（Cephalaspidea）、长葡萄螺科（Haminoeidae）、泥螺属（*Bullacta*）。

地位作用　泥螺是我国海水贝类主养种。主要用途为食用。

养殖分布　泥螺主要在我国黄渤海、东海、南海等沿海地区养殖，包括辽宁、江苏、浙江、山东、广西等。

养殖模式　泥螺的养殖水体为海水，主要养殖模式包括滩涂养殖、土池（塘）养殖等。

开发利用情况　泥螺为本土种，渤海、黄海和东海皆有分布。泥螺养殖的苗种来源主要依靠自然海区的野生苗，人工苗仅占养殖苗种的极少部分。目前该资源尚处于解决规模化人工繁殖阶段。全国共普查到1个繁育主体开展该资源的活体保种和/或苗种生产。

652. 泥东风螺（*Babylonia lutosa*）

俗名 泥螺、黄螺（福建）。

（沈铭辉　提供）

分类地位　动物界（Animalia）、软体动物门（Mollusca）、腹足纲（Gastropoda）、新腹足目（Neogastropoda）、风螺科（Babyloniidae）、东风螺属（*Babylonia*）。

地位作用　泥东风螺是我海水贝类主养种。主要用途为食用。

养殖分布　泥东风螺主要在我国南海、东海等沿海地区养殖，包括福建、广东、海南等。

养殖模式　泥东风螺的养殖水体为海水，主要养殖模式包括工厂化养殖等。

开发利用情况　泥东风螺为本土种，是我国开发的养殖海水贝类之一，21世纪初解决了其人工苗种繁育技术。全国共普查到5个繁育主体开展该资源的活体保种和/或苗种生产。

653.方斑东风螺"海泰1号"
(*Babylonia areolata*)

俗名 海泰1号、花螺、旺螺（福建）、香螺（广东）、凤螺（台湾）。

分类地位 动物界（Animalia）、软体动物门（Mollusca）、腹足纲（Gastropoda）、新腹足目（Neogastropoda）、凤螺科（Babyloniidae）、东风螺属（*Babylonia*）。

地位作用 方斑东风螺"海泰1号"是我国培育的第1个方斑东风螺品种，主选性状是壳长和体重。在相同养殖条件下，与未经选育的方斑东风螺相比，6月龄螺的壳长平均提高18.7%，体重平均提高32.1%。主要用途为食用、观赏。

养殖分布 方斑东风螺"海泰1号"主要在我国南海、东海等沿海地区养殖，包括福建、广东、海南等。

养殖模式 方斑东风螺"海泰1号"的养殖水体为人工可控的海水水域，主要养殖模式包括工厂化养殖等。

开发利用情况 方斑东风螺"海泰1号"为培育种，由厦门大学、海南省海洋与渔业科学院联合培育，2018年通过全国水产原种和良种审定委员会审定。全国共普查到2个繁育主体开展该资源的活体保种和/或苗种生产。

654.栉江珧（*Atrina pectinata*）

俗名 大海红、带子、牛角贝、江珧、江瑶、牛角江珧蛤。

（方增冰 提供）

分类地位 动物界（Animalia）、软体动物门（Mollusca）、双壳纲（Bivalvia）、贻贝目（Mytiloida）、江珧科（Pinnidae）、栉江珧属（*Atrina*）。

地位作用 栉江珧是我国海水贝类主养种。主要用途为食用。

养殖分布 栉江珧主要在我国黄渤海、南海等沿海地区养殖，包括广东、山东等。

养殖模式 栉江珧的养殖水体为海水，主要养殖模式包括滩涂养殖、蓄水土塘养殖等。

开发利用情况 栉江珧为本土种，我国沿海广泛分布。目前该资源尚处于解决规模化人工繁殖阶段。

655.马氏珠母贝（*Pinctada fucata martensii*）

俗名 马氏贝、合浦珠母贝。

（邓正华　陈明强　赵旺　提供）

分类地位　动物界（Animalia）、软体动物门（Mollusca）、双壳纲（Bivalvia）、珍珠贝目（Pterioida）、珍珠贝科（Pteriidae）、珠母贝属（*Pinctada*）。

地位作用　马氏珠母贝是我海水贝类主养种。主要用途为育珠、食用。

养殖分布　马氏珠母贝主要在我国南海等沿海地区养殖，包括广东、广西、海南等。

养殖模式　马氏珠母贝的养殖水体为海水，主要养殖模式包括浮筏养殖、延绳养殖等。

开发利用情况　马氏珠母贝为本土种，主要分布于热带、亚热带海区。我国20世纪50~60年代解决了其人工苗种繁育技术。已有"海优1号""海选1号""南珍1号""南科1号"等品种通过全国水产原种和良种审定委员会审定。全国共普查到7个繁育主体开展该资源的活体保种和/或苗种生产。

656.马氏珠母贝"海优1号"
(*Pinctada fucata martensii*)

俗名 海优1号、马氏贝、合浦珠母贝。

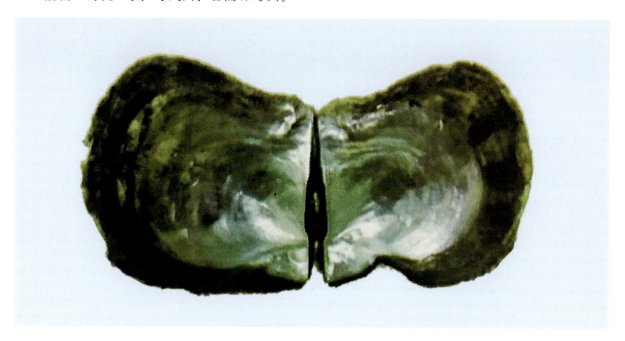

分类地位 动物界（Animalia）、软体动物门（Mollusca）、双壳纲（Bivalvia）、珍珠贝目（Pterioida）、珍珠贝科（Pteriidae）、珠母贝属（*Pinctada*）。

地位作用 马氏珠母贝"海优1号"是我国培育的第1个马氏珠母贝品种。该杂交种在相同养殖条件下，与海南省当地养殖马氏珠母贝相比，1龄贝的壳高、体重分别提高15.31%和24.90%，成珠率提高15.90%，优珠率提高17.68%。主要用途为育珠。

养殖分布 马氏珠母贝"海优1号"主要在我国广西等沿海地区养殖。

养殖模式 马氏珠母贝"海优1号"的养殖水体为人工可控的海水水域，主要养殖模式包括浮筏养殖、延绳养殖等。

开发利用情况 马氏珠母贝"海优1号"为培育种，由海南大学培育，2011年通过全国水产原种和良种审定委员会审定。

657.马氏珠母贝"海选1号"
(*Pinctada fucata martensii*)

俗名 海选1号、马氏贝、合浦珠母贝。

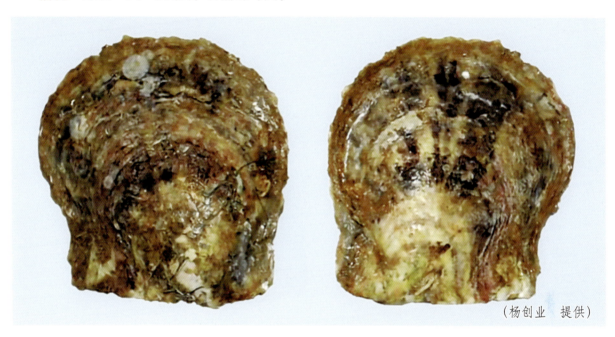

（杨创业 提供）

分类地位 动物界（Animalia）、软体动物门（Mollusca）、双壳纲（Bivalvia）、珍珠贝目（Pterioida）、珍珠贝科（Pteriidae）、珠母贝属（*Pinctada*）。

地位作用 马氏珠母贝"海选1号"是我国培育的马氏珠母贝品种，主选性状是壳宽和壳长。在相同养殖条件下，与未经选育的马氏珠母贝相比，2龄贝壳宽和壳长分别提高21.2%和20.8%。主要用途为育珠。

养殖分布 马氏珠母贝"海选1号"主要在我国南海等沿海地区养殖，包括广东、广西等。

养殖模式 马氏珠母贝"海选1号"的养殖水体为人工可控的海水水域，主要养殖模式包括浮筏养殖、延绳养殖等。

开发利用情况 马氏珠母贝"海选1号"为培育种，由广东海洋大学、雷州市海威水产养殖有限公司、广东绍河珍珠有限公司联合培育，2014年通过全国水产原种和良种审定委员会审定。全国共普查到3个繁育主体开展该资源的活体保种和/或苗种生产。

658.马氏珠母贝"南珍1号"
(*Pinctada fucata martensii*)

俗名 南珍1号、马氏贝、合浦珠母贝。

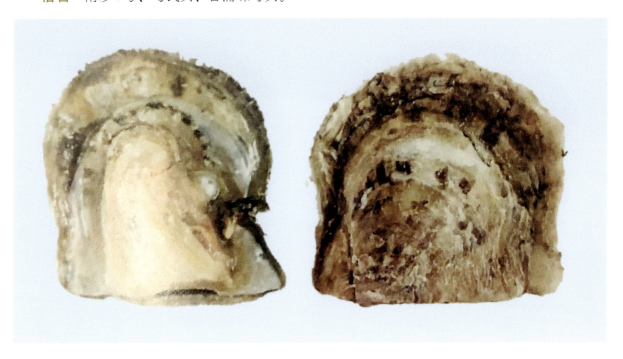

分类地位 动物界（Animalia）、软体动物门（Mollusca）、双壳纲（Bivalvia）、珍珠贝目（Pterioida）、珍珠贝科（Pteriidae）、珠母贝属（*Pinctada*）。

地位作用 马氏珠母贝"南珍1号"是我国培育的马氏珠母贝品种，主选性状是生长速度。在相同养殖条件下，与未经选育的马氏珠母贝相比，1龄贝平均壳高和体重分别提高10.0%以上和25.0%以上。主要用途为育珠。

养殖分布 马氏珠母贝"南珍1号"主要在我国海南等沿海地区养殖。

养殖模式 马氏珠母贝"南珍1号"的养殖水体为人工可控的海水水域，主要养殖模式包括浮筏养殖、桩架养殖等。

开发利用情况 马氏珠母贝"南珍1号"为培育种，由中国水产科学研究院南海水产研究所培育，2015年通过全国水产原种和良种审定委员会审定。全国共普查到1个繁育主体开展该资源的活体保种和/或苗种生产。

659.马氏珠母贝"南科1号"
（*Pinctada fucata martensii*）

俗名 南科1号、马氏贝、合浦珠母贝。

分类地位 动物界（Animalia）、软体动物门（Mollusca）、双壳纲（Bivalvia）、珍珠贝目（Pterioida）、珍珠贝科（Pteriidae）、珠母贝属（*Pinctada*）。

地位作用 马氏珠母贝"南科1号"是我国培育的马氏珠母贝品种，主选性状是壳宽。在相同养殖条件下，与未经选育的马氏珠母贝相比，17月龄贝平均壳宽和体重分别提高14.2%和37.7%。主要用途为育珠。

养殖分布 马氏珠母贝"南科1号"主要在我国广西等沿海地区养殖。

养殖模式 马氏珠母贝"南科1号"的养殖水体为人工可控的海水水域，主要养殖模式包括浮筏养殖、延绳养殖等。

开发利用情况 马氏珠母贝"南科1号"为培育种，由中国科学院南海海洋研究所、广东岸华集团有限公司联合培育，2015年通过全国水产原种和良种审定委员会审定。全国共普查到1个繁育主体开展该资源的活体保种和/或苗种生产。

660. 金乌贼（*Sepia esculenta*）

俗名 墨鱼、针墨鱼、乌鱼、乌子。

（彭瑞冰 提供）

分类地位 动物界（Animalia）、软体动物门（Mollusca）、头足纲（Cephalopoda）、乌贼目（Sepiida）、乌贼科（Sepiidae）、乌贼属（*Sepia*）。

地位作用 金乌贼是我国海水贝类主养种。主要用途为食用。

养殖分布 金乌贼主要在我国黄渤海等沿海地区养殖，包括江苏、山东等。

养殖模式 金乌贼的养殖水体为海水，主要养殖模式包括工厂化养殖等，以单养为主。

开发利用情况 金乌贼为本土种，是我国开发的养殖头足类之一，21世纪初解决了其人工苗种繁育技术。全国共普查到8个繁育主体开展该资源的活体保种和/或苗种生产。

661.曼氏无针乌贼（*Sepiella japonica*）

俗名 墨鱼、乌贼、乌鱼。

（谌微 提供）

分类地位 动物界（Animalia）、软体动物门（Mollusca）、头足纲（Cephalopoda）、乌贼目（Sepiida）、乌贼科（Sepiidae）、无针乌贼属（*Sepiella*）。

地位作用 曼氏无针乌贼是我国海水贝类主养种。主要用途为食用。

养殖分布 曼氏无针乌贼主要在我国东海、黄渤海等沿海地区养殖，包括浙江、福建、山东等。

养殖模式 曼氏无针乌贼的养殖水体为海水，主要养殖模式包括工厂化养殖等，以单养为主。

开发利用情况 曼氏无针乌贼为本土种，20世纪初解决了其人工苗种繁育技术。全国共普查到5个繁育主体开展该资源的活体保种和/或苗种生产。

662.虎斑乌贼（*Sepia pharaonis*）

俗名 墨鱼、花枝、法老乌贼。

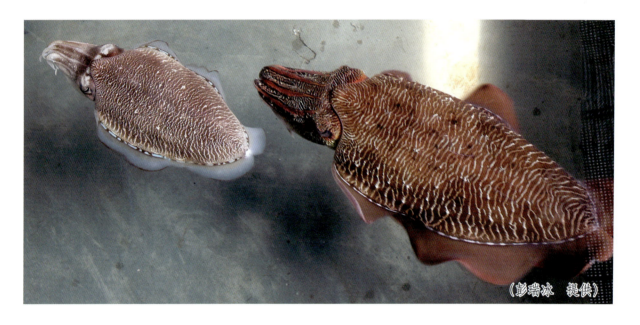

（彭瑞冰 提供）

分类地位 动物界（Animalia）、软体动物门（Mollusca）、头足纲（Cephalopoda）、乌贼目（Sepiida）、乌贼科（Sepiidae）、乌贼属（*Sepia*）。

地位作用 虎斑乌贼是我国海水贝类主养种金乌贼的近缘种。主要用途为食用。

养殖分布 虎斑乌贼主要在我国东海、南海等沿海地区养殖，包括浙江、福建、海南等。

养殖模式 虎斑乌贼的养殖水体为海水，主要养殖模式包括工厂化养殖、网箱养殖、室内水泥池养殖等，以单养为主。

开发利用情况 虎斑乌贼为本土种，是我国开发的养殖头足类之一，21世纪头十年解决了其人工苗种繁育技术。全国共普查到1个繁育主体开展该资源的活体保种和/或苗种生产。

663.短蛸（*Amphioctopus fangsiao*）

俗名 短脚蛸、母猪章、长章、坐蛸、石柜、八带虫。

（王卫军 提供）

分类地位 动物界（Animalia）、软体动物门（Mollusca）、头足纲（Cephalopoda）、八腕目（Octopoda）、蛸科（Octopodidae）、两鳍蛸属（*Amphioctopus*）。

地位作用 短蛸是我国海水贝类主养种。主要用途为食用。

养殖分布 短蛸主要在我国南海、黄渤海等沿海地区养殖，包括江苏、山东、广东等。

养殖模式 短蛸的养殖水体为海水，主要养殖模式包括室内水泥池养殖等，主要为单养。

开发利用情况 短蛸为本土种，是我国开发的养殖头足类之一，21世纪头十年在山东省威海市首次突破了规模化人工苗种繁育技术。全国共普查到4个繁育主体开展该资源的活体保种和/或苗种生产。

664.长蛸（*Octopus minor*）

俗名 墨鱼、花枝、法老乌贼。

（郑小东　提供）

分类地位　动物界（Animalia）、软体动物门（Mollusca）、头足纲（Cephalopoda）、八腕目 (Octopoda)、蛸科（Octopodidae）、蛸属（*Octopus*）。

地位作用　长蛸是我国海水贝类主养种。主要用途为食用。

养殖分布　长蛸主要在我国山东等沿海地区养殖。

养殖模式　长蛸的养殖水体为海水，主要养殖模式包括网箱养殖等，主要为单养。

开发利用情况　长蛸为本土种，是我国开发的养殖头足类之一。目前该资源尚处于解决规模化人工繁殖阶段。全国共普查到1个繁育主体开展该资源的活体保种和/或苗种生产。

665. 中华蛸（*Octopus sinensis*）

俗名 章巨。

（陈江源　提供）

分类地位 动物界（Animalia）、软体动物门（Mollusca）、头足纲（Cephalopoda）、八腕目（Octopoda）、蛸科（Octopodidae）、蛸属（*Octopus*）。

地位作用 中华蛸是我国海水贝类主养种。主要用途为食用。

养殖分布 中华蛸主要在我国东海等沿海地区养殖，包括浙江、福建等。

养殖模式 中华蛸的养殖水体为海水，主要养殖模式包括室内水泥池养殖、网箱养殖等。

开发利用情况 中华蛸为本土种，是我国开发的养殖头足类之一。目前该资源尚处于解决规模化人工繁殖阶段。全国共普查到1个繁育主体开展该资源的活体保种和/或苗种生产。

666.三角帆蚌（*Hyriopsis cumingii*）

俗名　三角蚌、珍珠蚌、翼蚌、劈蚌。

（白志毅　提供）

分类地位　动物界（Animalia）、软体动物门（Mollusca）、双壳纲（Bivalvia）、蚌目（Unionida）、蚌科（Unionidae）、帆蚌属（*Hyriopsis*）。

地位作用　三角帆蚌是我国淡水贝类主养种。主要用途为育珠、药用、食用、饵料。

养殖分布　三角帆蚌主要在我国华东、华南、华中、西南等地区养殖，包括安徽、江西、江苏、湖南、福建、浙江、四川、广西、河南、广东、贵州等。

养殖模式　三角帆蚌的养殖水体为淡水，主要养殖模式包括池塘养殖、大水面养殖、网箱养殖等，主要为单养或与草鱼、鲂、鲤、鲫等杂食性鱼类和鲢、鳙等滤食性鱼类混养等。

开发利用情况　三角帆蚌为本土种，是我国自主开发的最主要养殖淡水珍珠蚌，在20世纪50~60年代开始利用野生种试养淡水珍珠，70年代解决了其人工苗种繁育技术。已有康乐蚌（三角帆蚌和池蝶蚌杂交后代）、"申紫1号""浙白1号""申浙3号"等品种通过全国水产原种和良种审定委员会审定。全国共普查到9个繁育主体开展该资源的活体保种和/或苗种生产。

667. 褶纹冠蚌（*Cristaria plicata*）

俗名 鸡冠蚌。

（白志毅　提供）

分类地位 动物界（Animalia）、软体动物门（Mollusca）、双壳纲（Bivalvia）、蚌目（Unionida）、蚌科（Unionidae）、冠蚌属（*Cristaria*）。

地位作用 褶纹冠蚌是我国淡水贝类主养种。主要用途为育珠、食用、饵料、药用。

养殖分布 褶纹冠蚌主要在我国华中、华东、东北等地区养殖，包括黑龙江、上海、浙江、安徽、河南等。

养殖模式 褶纹冠蚌的养殖水体为淡水，主要养殖模式包括池塘养殖等，主要与草鱼、鲂、鲤、鲫等杂食性鱼类和鲢、鳙等滤食性鱼类混养等。

开发利用情况 褶纹冠蚌为本土种，是我国自主开发的淡水珍珠蚌，目前很少用来培育珍珠。20世纪70年代解决了其人工苗种繁育技术。全国共普查到3个繁育主体开展该资源的活体保种和/或苗种生产。

668.池蝶蚌（*Hyriopsis schlegeli*）

俗名　池蝶贝。

（白志毅　提供）

分类地位　动物界（Animalia）、软体动物门（Mollusca）、双壳纲（Bivalvia）、蚌目（Unionida）、蚌科（Unionidae）、帆蚌属（*Hyriopsis*）。

地位作用　池蝶蚌是我国淡水贝类主养种。主要用途为育珠。

养殖分布　池蝶蚌主要在我国华东等地区养殖，包括浙江、江西等。

养殖模式　池蝶蚌的养殖水体为人工可控的淡水水域，主要养殖模式包括池塘养殖、大水面养殖、网箱养殖等，主要为单养，也可与草鱼、鲂、鲤、鲫等杂食性鱼类和鲢、鳙等滤食性鱼类混养。

开发利用情况　池蝶蚌为引进种，是我国重要的淡水育珠蚌，原产于日本滋贺县的琵琶湖，我国在20世纪70年代从日本引进该物种，90年代解决了其人工苗种繁育技术，已有康乐蚌（三角帆蚌和池蝶蚌杂交后代）、"鄱珠1号"等品种通过全国水产原种和良种审定委员会审定。全国共普查到4个繁育主体开展该资源的活体保种和/或苗种生产。

669.三角帆蚌"申紫1号"（*Hyriopsis cumingii*）

俗名 申紫1号、深紫1号、紫蚌、三角蚌、珍珠蚌、翼蚌、劈蚌。

分类地位 动物界（Animalia）、软体动物门（Mollusca）、双壳纲（Bivalvia）、蚌目（Unionida）、蚌科（Unionidae）、帆蚌属（*Hyriopsis*）。

地位作用 三角帆蚌"申紫1号"是我国培育的第1个三角帆蚌品种，主选性状是贝壳珍珠质颜色。该品种贝壳珍珠质深紫色，紫色个体比例达95.6%，插珠18个月后，所育紫色珍珠比例达45.8%。在相同养殖条件下，与未经选育的三角帆蚌相比，所育紫色珍珠比例提高43.0%。主要用途为育珠、药用、食用、饵料。

养殖分布 三角帆蚌"申紫1号"主要在我国华东等地区养殖，包括上海、浙江、安徽等。

养殖模式 三角帆蚌"申紫1号"的养殖水体为人工可控的淡水水域，主要养殖模式包括池塘养殖、大水面养殖、网箱养殖等，主要为单养，也可与草鱼、鲂、鲤、鲫等杂食性鱼类和鲢、鳙等滤食性鱼类混养。

开发利用情况 三角帆蚌"申紫1号"为培育种，由上海海洋大学、金华市浙星珍珠商贸有限公司联合培育，2017年通过全国水产原种和良种审定委员会审定。全国共普查到2个繁育主体开展该资源的活体保种和/或苗种生产。

670.三角帆蚌"浙白1号"
(*Hyriopsis cumingii*)

俗名 浙白1号、白蚌、三角蚌、珍珠蚌、翼蚌、劈蚌。

分类地位 动物界（Animalia）、软体动物门（Mollusca）、双壳纲（Bivalvia）、蚌目（Unionida）、蚌科（Unionidae）、帆蚌属（*Hyriopsis*）。

地位作用 三角帆蚌"浙白1号"是我国培育的三角帆蚌品种，主选性状是贝壳珍珠层颜色。在相同养殖条件下，与未经选育的三角帆蚌相比，珍珠层颜色纯白色个体比例达92.0%，以此为制片蚌所育白色珍珠比例平均提高47.3%。主要用途为育珠、药用、食用、饵料。

养殖分布 三角帆蚌"浙白1号"主要在我国华东等地区养殖，包括浙江、安徽等。

养殖模式 三角帆蚌"浙白1号"的养殖水体为人工可控的淡水水域，主要养殖模式包括池塘养殖、大水面养殖、网箱养殖等，主要为单养或与草鱼、鲂、鲤、鲫等杂食性鱼类和鲢、鳙等滤食性鱼类混养等。

开发利用情况 三角帆蚌"浙白1号"为培育种，由金华职业技术学院、金华市威旺养殖新技术有限公司联合培育，2020年通过全国水产原种和良种审定委员会审定。全国共普查到2个繁育主体开展该资源的活体保种和/或苗种生产。

671.三角帆蚌"申浙3号"
(*Hyriopsis cumingii*)

俗名 申浙3号、三角蚌、珍珠蚌、翼蚌、劈蚌。

（白志毅　提供）

分类地位 动物界（Animalia）、软体动物门（Mollusca）、双壳纲（Bivalvia）、蚌目（Unionida）、蚌科（Unionidae）、帆蚌属（*Hyriopsis*）。

地位作用 三角帆蚌"申浙3号"是我国培育的三角帆蚌品种，主选性状是体重和壳宽。在相同养殖条件下，与未经选育的三角帆蚌相比，4龄蚌体重平均提高16.2%，壳宽平均提高10.3%；单蚌产8mm以上无核珍珠比例平均提高20.5%，单蚌产10mm以上有核珍珠比例平均提高23.0%。主要用途为育珠、药用、食用、饵料。

养殖分布 三角帆蚌"申浙3号"主要在我国华东等地区养殖，包括上海、浙江、安徽等。

养殖模式 三角帆蚌"申浙3号"的养殖水体为人工可控的淡水水域，主要养殖模式包括池塘养殖、大水面养殖、网箱养殖等，主要为单养或与草鱼、鲂、鲤、鲫等杂食性鱼类和鲢、鳙等滤食性鱼类混养等。

开发利用情况 三角帆蚌"申浙3号"为培育种，由上海海洋大学、金华市浙星珍珠商贸有限公司、武义伟民水产养殖有限公司联合培育，2021年通过全国水产原种和良种审定委员会审定。全国共普查到1个繁育主体开展该资源的活体保种和/或苗种生产。

672. 池蝶蚌"鄱珠1号"(*Hyriopsis schlegeli*)

俗名 鄱珠1号、池蝶贝。

分类地位 动物界（Animalia）、软体动物门（Mollusca）、双壳纲（Bivalvia）、蚌目（Unionida）、蚌科（Unionidae）、帆蚌属（*Hyriopsis*）。

地位作用 池蝶蚌"鄱珠1号"是我国培育的第1个池蝶蚌品种，主选性状是壳宽。在相同养殖条件下，与未经选育的池蝶蚌相比，4龄蚌壳宽平均提高25.4%，壳宽与壳长比平均提高17.8%；与未经选育的池蝶蚌子一代相比，单蚌有核珍珠培育产量平均提高58.1%，优质珠比例平均提高35.8%；培育直径10mm以上圆形无核珍珠比例平均提高1.92倍。主要用途为育珠。

养殖分布 池蝶蚌"鄱珠1号"主要在我国华东等地区养殖，包括安徽、江西等。

养殖模式 池蝶蚌"鄱珠1号"的养殖水体为人工可控的淡水水域，主要养殖模式包括池塘养殖、大水面养殖、网箱养殖等，主要为单养或与草鱼、鲂、鲤、鲫等杂食性鱼类和鲢、鳙等滤食性鱼类混养等。

开发利用情况 池蝶蚌"鄱珠1号"为培育种，由南昌大学、抚州市水产科学研究所联合培育，2020年通过全国水产原种和良种审定委员会审定。全国共普查到1个繁育主体开展该资源的活体保种和/或苗种生产。

673.康乐蚌

俗名 杂交蚌。

（白志毅 提供）

分类地位 杂交种，亲本来源为池蝶蚌（♀）×三角帆蚌（♂）。

地位作用 康乐蚌是我国培育的第1个淡水珍珠蚌品种。该杂交种在相同养殖条件下，相比父、母本有显著的杂种优势，具有壳间距大、贝壳厚、成活率高、育珠周期短、优质珠比例高等优点。主要用途为育珠。

养殖分布 康乐蚌主要在我国西南、华东等地区养殖，包括安徽、四川等。

养殖模式 康乐蚌的养殖水体为人工可控的淡水水域，主要养殖模式包括池塘养殖、大水面养殖、网箱养殖等，主要为单养，也可与草鱼、鲂、鲤、鲫等杂食性鱼类和鲢、鳙等滤食性鱼类混养等。

开发利用情况 康乐蚌为培育种，由上海水产大学、浙江省诸暨市王家井珍珠养殖场联合培育，2006年通过全国水产原种和良种审定委员会审定。

674. 中华圆田螺（*Cipangopaludina catayensis*）

俗名 螺蛳、蜗螺牛。

（白志毅　提供）

分类地位 动物界（Animalia）、软体动物门（Mollusca）、腹足纲（Gastropoda）、主扭舌目（Architaenioglossa）、田螺科（Viviparidae）、圆田螺属（*Cipangopaludina*）。

地位作用 中华圆田螺是我国淡水贝类主养种。主要用途为食用。

养殖分布 中华圆田螺主要在我国华南、华中、华东、西南、东北等地区养殖，包括黑龙江、浙江、安徽、福建、江西、山东、湖北、湖南、广东、广西、重庆、四川、贵州、云南等。

养殖模式 中华圆田螺的养殖水体为淡水，主要养殖模式包括池塘养殖、稻田养殖等。

开发利用情况 中华圆田螺为本土种，是我国大型淡水螺类，大多是野生种直接利用。目前该资源尚处于解决规模化人工繁殖阶段。全国共普查到34个繁育主体开展该资源的活体保种和/或苗种生产。

675. 中国圆田螺（*Cipangopaludina chinensis*）

俗名　螺蛳、田螺、田赢、香螺。

（白志毅　提供）

　　分类地位　动物界（Animalia）、软体动物门（Mollusca）、腹足纲（Gastropoda）、主扭舌目（Architaenioglossa）、田螺科（Viviparidae）、圆田螺属（*Cipangopaludina*）。

　　地位作用　中国圆田螺是我国淡水贝类主养种。主要用途为食用。

　　养殖分布　中国圆田螺主要在我国华南、华东、华中、西南等地区养殖，包括安徽、福建、江西、湖南、广东、广西、重庆、云南等。

　　养殖模式　中国圆田螺的养殖水体为淡水，主要养殖模式包括池塘养殖、稻田养殖等。

　　开发利用情况　中国圆田螺为本土种，是我国大型淡水螺类，大多是野生种直接利用。目前该资源尚处于解决规模化人工繁殖阶段。全国共普查到 1 个繁育主体开展该资源的活体保种和/或苗种生产。

676.铜锈环棱螺（*Sinotaia aeruginosa*）

俗名 螺蛳。

（白志毅　提供）

分类地位　动物界（Animalia）、软体动物门（Mollusca）、腹足纲（Gastropoda）、主扭舌目（Architaenioglossa）、田螺科（Viviparidae）、环棱螺属（*Sinotaia*）。

地位作用　铜锈环棱螺是我国淡水贝类主养种。主要用途为食用、饵料。

养殖分布　铜锈环棱螺主要在我国华南、华东、华中等地区养殖，包括安徽、湖南、广西等。

养殖模式　铜锈环棱螺的养殖水体为淡水，主要养殖模式包括池塘养殖、稻田养殖等。

开发利用情况　铜锈环棱螺为本土种，是我国淡水特有螺类。目前该资源尚处于解决规模化人工繁殖阶段。全国共普查到1个繁育主体开展该资源的活体保种和/或苗种生产。

677.梨形环棱螺（*Sinotaia purificata*）

俗名　螺蛳、豆螺蛳、石螺、湖螺、蜗螺牛。

（白志毅　提供）

分类地位　动物界（Animalia）、软体动物门（Mollusca）、腹足纲（Gastropoda）、主扭舌目（Architaenioglossa）、田螺科（Viviparidae）、环棱螺属（*Sinotaia*）。

地位作用　梨形环棱螺是我国淡水贝类主养种。主要用途为食用、饵料。

养殖分布　梨形环棱螺主要在我国华南、华东、华中等地区养殖，包括江苏、湖南、广西等。

养殖模式　梨形环棱螺的养殖水体为淡水，主要养殖模式包括池塘养殖、稻田养殖等。

开发利用情况　梨形环棱螺为本土种，是我国特有种。目前该资源尚处于解决规模化人工繁殖阶段。全国共普查到2个繁育主体开展该资源的活体保种和/或苗种生产。

678.方形环棱螺（*Sinotaia quadrata*）

俗名 湖螺、石螺。

（白志毅　提供）

分类地位 动物界（Animalia）、软体动物门（Mollusca）、腹足纲（Gastropoda）、前鳃亚纲（Prosobranchia）、中腹足目（Mesogastropoda）、田螺科（Viviparidae）、环棱螺属（*Sinotaia*）。

地位作用 方形环棱螺是我国淡水贝类主养种。主要用途为食用、饵料。

养殖分布 方形环棱螺主要在我国华东、华南、华中、西南等地区养殖，包括江苏、浙江、安徽、江西、湖南、广西、云南等。

养殖模式 方形环棱螺的养殖水体为淡水，主要养殖模式包括池塘、稻田等。

开发利用情况 方形环棱螺为本土种，是我国淡水螺类。目前该资源尚处于解决规模化人工繁殖阶段。全国共普查到1个繁育主体开展该资源的活体保种和/或苗种生产。

679. 凸壳肌蛤（*Arcuatula senhousia*）

俗名 东亚壳菜蛤（台湾）、云雀蛤、薄壳、乌鲇、海瓜子等。

（方增冰　提供）

分类地位　动物界（Animalia）、软体动物门（Mollusca）、双壳纲（Bivalvia）、贻贝目（Mytilida）、贻贝科（Mytilidae）、弧蛤属（*Arcuatula*）。

地位作用　凸壳肌蛤是我国海水贝类饵料生物种。主要用途为饵料、食用。

养殖分布　凸壳肌蛤主要在我国东海、南海、黄渤海等沿海地区养殖，包括福建、山东、广东等。

养殖模式　凸壳肌蛤的养殖水体为海水，主要养殖模式包括滩涂养殖等。

开发利用情况　凸壳肌蛤为本土种，我国沿海地区皆有分布。目前该资源尚处于解决规模化人工繁殖阶段。

680. 中国仙女蛤（*Callista chinensis*）

俗名 仙女蛤（平潭）。

（张素萍 提供）

分类地位 动物界（Animalia）、软体动物门（Mollusca）、双壳纲（Bivalvia）、帘蛤目（Veneroida）、帘蛤科（Veneridae）、仙女蛤属（*Callista*）。

地位作用 中国仙女蛤是我国海水贝类潜在养殖种。主要用途为食用。

养殖分布 中国仙女蛤主要在我国福建等沿海地区养殖。

养殖模式 中国仙女蛤的养殖水体为海水，目前主要进行增殖放流。

开发利用情况 中国仙女蛤为本土种，在我国主要分布于浙江南麂岛以南海域。目前该资源尚处于解决规模化人工繁殖阶段。全国共普查到3个繁育主体开展该资源的活体保种和/或苗种生产。

681.岩牡蛎（*Crassostrea nippona*）

俗名 夏牡蛎。

（张跃环　提供）

  分类地位 动物界（Animalia）、软体动物门（Mollusca）、双壳纲（Bivalvia）、珍珠贝目（Pterioida）、牡蛎科（Ostreidae）、巨牡蛎属（*Crassostrea*）。

  地位作用 岩牡蛎是我国我国海水贝类潜在养殖种。主要用途为食用。

  养殖分布 岩牡蛎主要在我国东海、黄渤海等沿海地区养殖，包括辽宁、福建等。

  养殖模式 岩牡蛎的养殖水体为海水，主要养殖模式包括浮筏养殖等。

  开发利用情况 岩牡蛎为本土种，在我国浙江舟山有少量分布，主要分布于日本、韩国。21世纪初解决了其人工苗种繁育技术。

682. 小刀蛏（*Cultellus attenuatus*）

俗名 蟟蛲、料撬、剑蛏。

（方增冰　提供）

分类地位　动物界（Animalia）、软体动物门（Mollusca）、双壳纲（Bivalvia）、帘蛤目（Veneroida）、刀蛏科（Cultellidae）、刀蛏属（*Cultellus*）。

地位作用　小刀蛏是我国海水贝类潜在养殖种。主要用途为食用。

养殖分布　小刀蛏主要在我国浙江等沿海地区养殖。

养殖模式　小刀蛏的养殖水体为海水，目前主要进行增殖放流。

开发利用情况　小刀蛏为本土种，在我国南北方沿海均有分布。目前该资源尚处于解决规模化人工繁殖阶段。全国共普查到1个繁育主体开展该资源的活体保种和/或苗种生产。

683.红树蚬（*Geloina erosa*）

俗名　马蹄蛤。

（莫飞龙　提供）

分类地位　动物界（Animalia）、软体动物门（Mollusca）、双壳纲（Bivalvia）、帘蛤目（Veneroida）、花蚬科（Cyrenidae）、红树蚬属（*Geloina*）。

地位作用　红树蚬是我国海水贝类潜在养殖种。主要用途为食用。

养殖分布　红树蚬主要在我国广西等沿海地区养殖。

养殖模式　红树蚬的养殖水体为海水，主要养殖模式包括滩涂养殖等。

开发利用情况　红树蚬为本土种，在我国主要分布于亚热带和热带海域的红树林地区。21世纪初解决了其人工苗种繁育技术。

684.等边浅蛤（*Gomphina aequilatera*）

俗名 沙蛤、花蛤、等边蛤、花蛤仔（台湾）。

（张素萍 提供）

分类地位 动物界（Animalia）、软体动物门（Mollusca）、双壳纲（Bivalvia）、帘蛤目（Veneroida）、帘蛤科（Veneridae）、浅蛤属（*Gomphina*）。

地位作用 等边浅蛤是我国海水贝类潜在养殖种。主要用途为食用。

养殖分布 等边浅蛤主要在我国浙江等沿海地区养殖。

养殖模式 等边浅蛤的养殖水体为海水，目前主要进行增殖放流。

开发利用情况 等边浅蛤为本土种，为我国南北沿海习见种。目前该资源尚处于解决规模化人工繁殖阶段。全国共普查到1个繁育主体开展该资源的活体保种和/或苗种生产。

685.管角螺（*Hemifusus tuba*）

俗名　角螺、响螺、香螺。

（陈江源　提供）

分类地位　动物界（Animalia）、软体动物门（Mollusca）、腹足纲（Gastropoda）、新腹足目（Neogastropoda）、香螺科（Melongenidae）、角螺属（*Hemifusus*）。

地位作用　管角螺是我国海水贝类潜在养殖种。主要用途为食用。

养殖分布　管角螺主要在我国华东、华南等沿海地区养殖，包括浙江、广东等。

养殖模式　管角螺的养殖水体为海水，主要养殖模式包括吊笼养殖、室内水泥池养殖等。

开发利用情况　管角螺为本土种，在我国主要分布于亚热带和热带海域。近年来解决了其人工苗种繁育技术。全国共普查到1个繁育主体开展该资源的活体保种和/或苗种生产。

686.大獭蛤（*Lutraria maxima*）

俗名 象鼻螺（广西）、牛螺（广西）、包螺（广东）。

（张素萍　提供）

分类地位 动物界（Animalia）、软体动物门（Mollusca）、双壳纲（Bivalvia）、帘蛤目（Veneroida）、蛤蜊科（Mactridae）、獭蛤属（*Lutraria*）。

地位作用 大獭蛤是我国海水贝类潜在养殖种。主要用途为食用。

养殖分布 大獭蛤主要在我国广西等沿海地区养殖。

养殖模式 大獭蛤的养殖水体为海水，主要养殖模式包括沉箱养殖、底插养殖等。

开发利用情况 大獭蛤为本土种，在我国主要分布于热带海域。近年来解决了其人工苗种繁育技术。全国共普查到1个繁育主体开展该资源的活体保种和/或苗种生产。

687.施氏獭蛤（*Lutraria sieboldii*）

俗名 双线血蛤、象鼻螺。

（彭慧婧　提供）

分类地位 动物界（Animalia）、软体动物门（Mollusca）、双壳纲（Bivalvia）、帘蛤目（Veneroida）、蛤蜊科（Mactridae）、獭蛤属（*Lutraria*）。

地位作用 施氏獭蛤是我国海水贝类潜在养殖种。主要用途为食用。

养殖分布 施氏獭蛤主要在我国广西等沿海地区养殖。

养殖模式 施氏獭蛤的养殖水体为海水，主要养殖模式包括底播养殖等。

开发利用情况 施氏獭蛤为本土种，在我国主要分布于热带海域。目前该资源尚处于解决规模化人工繁殖阶段。全国共普查到1个繁育主体开展该资源的活体保种和/或苗种生产。

688.西施舌（*Mactra antiquata*）

俗名 车蛤、土匙、沙蛤、海蚌、贵妃螺（广东）。

（张素萍　提供）

分类地位　动物界（Animalia）、软体动物门（Mollusca）、双壳纲（Bivalvia）、帘蛤目（Veneroida）、蛤蜊科（Mactridae）、蛤蜊属（*Mactra*）。

地位作用　西施舌是我国海水贝类潜在养殖种。主要用途为食用。

养殖分布　西施舌主要在我国黄渤海、东海、南海等沿海地区养殖，包括江苏、浙江、福建、山东、广东等。

养殖模式　西施舌的养殖水体为海水，主要养殖模式包括网箱养殖、池塘养殖等。

开发利用情况　西施舌为本土种，在我国南北沿海皆有分布。20世纪50年代解决了其人工苗种繁育技术。全国共普查到3个繁育主体开展该资源的活体保种和/或苗种生产。

689.中国蛤蜊（*Mactra chinensis*）

俗名 黄蚬子、黄蛤、飞蛤、沙蚬子、大黄蚬。

（霍忠明 提供）

　　分类地位 动物界（Animalia）、软体动物门（Mollusca）、双壳纲（Bivalvia）、帘蛤目（Veneroida）、蛤蜊科（Mactridae）、蛤蜊属（*Mactra*）。

　　地位作用 中国蛤蜊是我国海水贝类潜在养殖种。主要用途为食用。

　　养殖分布 中国蛤蜊主要在我国黄渤海等沿海地区养殖，包括辽宁、山东等。

　　养殖模式 中国蛤蜊的养殖水体为海水，主要养殖模式包括底播养殖等。

　　开发利用情况 中国蛤蜊为本土种，在我国南北沿海皆有分布。21世纪初解决了其人工苗种繁育技术。

690.四角蛤蜊（*Mactra quadrangularis*）

俗名 白蚬子、泥蚬子、布鸽头。

（房燕　提供）

分类地位 动物界（Animalia）、软体动物门（Mollusca）、双壳纲（Bivalvia）、帘蛤目（Veneroida）、蛤蜊科（Mactridae）、蛤蜊属（*Mactra*）。

地位作用 四角蛤蜊是我国海水贝类潜在养殖种。主要用途为食用。

养殖分布 四角蛤蜊主要在我国黄渤海、南海、东海等沿海地区养殖，包括河北、辽宁、江苏、浙江、山东、广东等。

养殖模式 四角蛤蜊的养殖水体为海水，主要养殖模式包括滩涂养殖、底播养殖等。

开发利用情况 四角蛤蜊为本土种，在我国主要分布于渤海、黄海和东海沿岸。21世纪初解决了其人工苗种繁育技术。全国共普查到1个繁育主体开展该资源的活体保种和/或苗种生产。

691.硬壳蛤（*Mercenaria mercenaria*）

俗名 美贝、美洲帘蛤、美国红、美国螺。

（梁健 提供）

分类地位 动物界（Animalia）、软体动物门（Mollusca）、双壳纲（Bivalvia）、帘蛤目（Veneroida）、帘蛤科（Veneridae）、硬壳蛤属（*Mercenaria*）。

地位作用 硬壳蛤是我国引进的海水贝类潜在养殖种。主要用途为食用。

养殖分布 硬壳蛤主要在我国黄渤海、东海、南海等沿海地区养殖，包括天津、江苏、浙江、福建、山东、广东等。

养殖模式 硬壳蛤的养殖水体为人工可控的海水水域，主要养殖模式包括围塘养殖等。

开发利用情况 硬壳蛤为引进种，由中国科学院海洋研究所张福绥等人于1997年首次引至我国，21世纪初解决了其人工苗种繁育技术。全国共普查到20个繁育主体开展该资源的活体保种和/或苗种生产。

692.皱肋文蛤（*Meretrix lyrata*）

俗名　琴文蛤、帘文蛤、越南文蛤、越南白。

（初庆柱　提供）

分类地位　动物界（Animalia）、软体动物门（Mollusca）、双壳纲（Bivalvia）、帘蛤目（Veneroida）、帘蛤科（Veneridae）、文蛤属（*Meretrix*）。

地位作用　皱肋文蛤是我国海水贝类潜在养殖种。主要用途为食用。

养殖分布　皱肋文蛤主要在我国南海、东海等沿海地区养殖，包括浙江、广东、广西等。

养殖模式　皱肋文蛤的养殖水体为海水，主要养殖模式包括滩涂养殖、池塘养殖、底播养殖等。

开发利用情况　皱肋文蛤为本土种，21世纪头十年解决了其人工苗种繁育技术。全国共普查到3个繁育主体开展该资源的活体保种和/或苗种生产。

693.短文蛤（*Meretrix petechialis*）

俗名 紫斑文蛤、中国文蛤。

（岳欣 提供）

分类地位 动物界（Animalia）、软体动物门（Mollusca）、双壳纲（Bivalvia）、帘蛤目（Veneroida）、帘蛤科（Veneridae）、文蛤属（*Meretrix*）。

地位作用 短文蛤是我国海水贝类潜在养殖种。主要用途为食用。

养殖分布 短文蛤主要在我国黄渤海、南海等沿海地区养殖，包括辽宁、江苏、山东、广西等。

养殖模式 短文蛤的养殖水体为海水，主要养殖模式包括围塘养殖等。

开发利用情况 短文蛤为本土种，广泛分布于我国沿海，已解决其人工苗种繁育技术。

694.彩虹明樱蛤（*Moerella iridescens*）

俗名 梅蛤、扁蛤、海瓜子。

（方增冰 提供）

分类地位 动物界（Animalia）、软体动物门（Mollusca）、双壳纲（Bivalvia）、帘蛤目（Veneroida）、樱蛤科（Tellinidae）、明樱蛤属（*Moerella*）。

地位作用 彩虹明樱蛤是我国海水贝类潜在养殖种。主要用途为食用。

养殖分布 彩虹明樱蛤主要在我国浙江等沿海地区养殖。

养殖模式 彩虹明樱蛤的养殖水体为半咸水，主要养殖模式包括滩涂养殖、围塘养殖等。

开发利用情况 彩虹明樱蛤为本土种，20世纪90年代解决了其人工苗种繁育技术。全国共普查到32个繁育主体开展该资源的活体保种和/或苗种生产。

695.香螺（*Neptunea cumingii*）

俗名 响螺、金丝螺、卡民氏峨螺（台湾）。

（郝振林　提供）

分类地位 动物界（Animalia）、软体动物门（Mollusca）、腹足纲（Gastropoda）、新腹足目（Neogastropoda）、峨螺科（Buccinidae）、香螺属（*Neptunea*）。

地位作用 香螺是我国海水贝类潜在养殖种。主要用途为食用。

养殖分布 香螺主要在我国黄渤海等沿海地区养殖，包括辽宁、江苏等。

养殖模式 香螺的养殖水体为海水，主要养殖模式包括吊笼养殖、底播养殖等。

开发利用情况 香螺为本土种，其苗种全部来自天然采苗。目前该资源尚处于解决规模化人工繁殖阶段。

696.密鳞牡蛎（*Ostrea denselamellosa*）

俗名 拖鞋牡蛎（中国台湾）。

（张跃环 提供）

分类地位 动物界（Animalia）、软体动物门（Mollusca）、双壳纲（Bivalvia）、珍珠贝目（Pterioida）、牡蛎科（Ostreidae）、牡蛎属（*Ostrea*）。

地位作用 密鳞牡蛎是我国海水贝类潜在养殖种。主要用途为食用。

养殖分布 密鳞牡蛎主要在我国山东等沿海地区养殖。

养殖模式 密鳞牡蛎的养殖水体为海水，主要养殖模式包括浮筏养殖等。

开发利用情况 密鳞牡蛎为本土种，21世纪头十年解决了其人工苗种繁育技术。全国共普查到1个繁育主体开展该资源的活体保种和/或苗种生产。

697. 织锦巴非蛤（*Paphia textile*）

俗名　花甲王、织纹横帘蛤（中国台湾）。

（张盛　提供）

分类地位　动物界（Animalia）、软体动物门（Mollusca）、双壳纲（Bivalvia）、帘蛤目（Veneroida）、帘蛤科（Veneridae）、巴非蛤属（*Paphia*）。

地位作用　织锦巴非蛤是南海、东海沿海的特色养殖种。主要用途为食用。

养殖分布　织锦巴非蛤主要在我国南海、东海等沿海地区养殖，包括福建、广西等。

养殖模式　织锦巴非蛤的养殖水体为海水，主要养殖模式包括底播养殖等。

开发利用情况　织锦巴非蛤为本土种，自然分布于我国东南沿海。21世纪初解决了其人工苗种繁育技术。全国共普查到3个繁育主体开展该资源的活体保种和/或苗种生产。

698. 波纹巴非蛤 (*Paphia undulata*)

俗名 油蛤、花甲螺。

（方增冰　提供）

分类地位 动物界（Animalia）、软体动物门（Mollusca）、双壳纲（Bivalvia）、帘蛤目（Veneroida）、帘蛤科（Veneridae）、巴非蛤属（*Paphia*）。

地位作用 波纹巴非蛤是我国南海、东海沿海的特色养殖种。主要用途为食用。

养殖分布 波纹巴非蛤主要在我国南海、东海等沿海地区养殖，包括福建、广东、广西等。

养殖模式 波纹巴非蛤的养殖水体为海水，主要养殖模式包括底播养殖等。

开发利用情况 波纹巴非蛤为本土种，目前自然群体集中分布于广西北部湾。21世纪头十年解决了其人工苗种繁育技术。

699.珠母贝（*Pinctada margaritifera*）

俗名 黑蝶贝。

（喻达辉 提供）

分类地位 动物界（Animalia）、软体动物门（Mollusca）、双壳纲（Bivalvia）、珍珠贝目（Pterioida）、珍珠贝科（Pteriidae）、珠母贝属（*Pinctada*）。

地位作用 珠母贝是我国南海沿海的特色养殖种。主要用途为育珠。

养殖分布 珠母贝主要在我国南海等沿海地区养殖，包括广西、海南等。

养殖模式 珠母贝的养殖水体为海水，主要养殖模式包括浮筏养殖等。

开发利用情况 珠母贝为本土种，自然分布于我国热带、亚热带海域。20世纪80年代解决了其人工苗种繁育技术。

700.大珠母贝（*Pinctada maxima*）

俗名 白蝶贝。

（罗刚 提供）

分类地位 动物界（Animalia）、软体动物门（Mollusca）、双壳纲（Bivalvia）、珍珠贝目（Pterioida）、珍珠贝科（Pteriidae）、珠母贝属（*Pinctada*）。

地位作用 大珠母贝是我国海水贝类潜在养殖种，野外种群列入《国家重点保护野生动物名录》（二级）。主要用途为食用、保护。

养殖分布 大珠母贝主要在我国南海等沿海地区养殖，包括广西、海南等。

养殖模式 大珠母贝的养殖水体为海水，主要养殖模式包括浮筏养殖等。

开发利用情况 大珠母贝为本土种，我国自然分布于热带、亚热带海域。20世纪70年代解决了其人工苗种繁育技术。

701.光滑河篮蛤（*Potamocorbula laevis*）

俗名 大米蚬子、小白蛤、海砂子（青岛）。

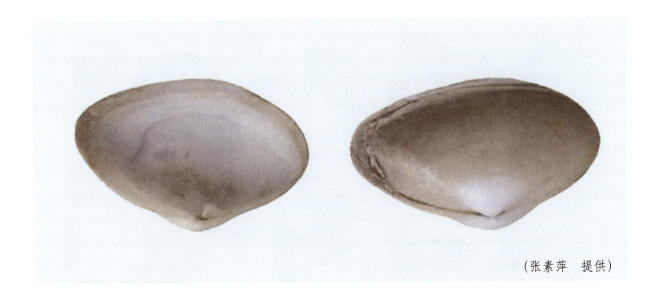

（张素萍 提供）

分类地位 动物界（Animalia）、软体动物门（Mollusca）、双壳纲（Bivalvia）、海螂目（Myoida）、篮蛤科（Corbulidae）、河篮蛤属（*Potamocorbula*）。

地位作用 光滑河篮蛤是我国海水贝类饵料生物种。主要用途为饵料、食用。

养殖分布 光滑河篮蛤主要在我国黄渤海等地区沿海地区养殖，包括辽宁、江苏、山东等。

养殖模式 光滑河篮蛤的养殖水体为海水，主要养殖模式包括滩涂养殖、底播养殖等。

开发利用情况 光滑河篮蛤为本土种，目前该资源尚处于解决规模化人工繁殖阶段。尚未解决人工苗种繁育技术。

702.红肉河篮蛤（*Potamocorbula rubromuscula*）

俗名 红肉。

（陈兴强　提供）

分类地位　动物界（Animalia）、软体动物门（Mollusca）、双壳纲（Bivalvia）、海螂目（Myoida）、篮蛤科（Corbulidae）、河篮蛤属（*Potamocorbula*）。

地位作用　红肉河篮蛤是我国海水贝类饵料生物种。主要用途为饵料、食用。

养殖分布　红肉河篮蛤主要在我国广东等沿海地区养殖。

养殖模式　红肉河篮蛤的养殖水体为海水，主要养殖模式包括底播养殖、滩涂养殖等。

开发利用情况　红肉河篮蛤为本土种，目前该资源尚处于解决规模化人工繁殖阶段。

703.企鹅珍珠贝（*Pteria penguin*）

俗名 无。

（温为庚　提供）

分类地位 动物界（Animalia）、软体动物门（Mollusca）、双壳纲（Bivalvia）、珍珠贝目（Pterioida）、珍珠贝科（Pteriidae）、珍珠贝属（*Pteria*）。

地位作用 企鹅珍珠贝是我国南海沿海的特色养殖种。主要用途为育珠。

养殖分布 企鹅珍珠贝主要在我国南海等沿海地区养殖，包括广东、广西等。

养殖模式 企鹅珍珠贝的养殖水体为海水，主要养殖模式包括吊笼养殖等。

开发利用情况 企鹅珍珠贝为本土种，20世纪末解决了其人工苗种繁育技术。

704.脉红螺（*Rapana venosa*）

俗名　红螺、菠螺、海螺、红里子（山东）、红皱岩螺（台湾）。

（陈江源　提供）

分类地位　动物界（Animalia）、软体动物门（Mollusca）、腹足纲（Gastropoda）、新腹足目（Neogastropoda）、骨螺科（Muricidae）、红螺属（*Rapana*）。

地位作用　脉红螺是我国海水贝类潜在养殖种。主要用途为食用。

养殖分布　脉红螺主要在我国黄渤海、南海、东海等沿海地区养殖，包括辽宁、浙江、山东、广东等。

养殖模式　脉红螺的养殖水体为海水，主要养殖模式包括吊笼养殖、池塘养殖、水泥池养殖、海底围养等。吊笼养殖主要为单养，池塘养殖主要与凡纳滨对虾等混养。

开发利用情况　脉红螺为本土种，21世纪初解决了其人工苗种繁育技术。

705.疣荔枝螺（*Reishia clavigera*）

俗名　辣螺。

（方增冰　提供）

分类地位　动物界（Animalia）、软体动物门（Mollusca）、腹足纲（Gastropoda）、新腹足目（Neogastropoda）、骨螺科（Muricidae）、荔枝螺属（*Reishia*）。

地位作用　疣荔枝螺是我国海水贝类潜在养殖种。主要用途为食用。

养殖分布　疣荔枝螺主要在我国广东等沿海地区养殖。

养殖模式　疣荔枝螺养殖水体为海水，主要养殖模式包括水泥池养殖等。

开发利用情况　疣荔枝螺为本土种，近年来解决了其人工苗种繁育技术。

710.钝缀锦蛤（*Tapes dorsatus*）

俗名 沙包螺。

（韦玲静 提供）

分类地位 动物界（Animalia）、软体动物门（Mollusca）、双壳纲（Bivalvia）、帘蛤目（Veneroida）、帘蛤科（Veneridae）、缀锦蛤属（*Tapes*）。

地位作用 钝缀锦蛤是我国海水贝类潜在养殖种。主要用途为食用。

养殖分布 钝缀锦蛤主要在我国广西等沿海地区养殖。

养殖模式 钝缀锦蛤的养殖水体为海水，主要养殖模式包括底播养殖等。

开发利用情况 钝缀锦蛤为本土种，常见于我国东海、南海海域。目前该资源尚处于解决规模化人工繁殖阶段。全国共普查到1个繁育主体开展该资源的活体保种和/或苗种生产。

711.扭蚌（*Arconaia lanceolata*）

俗名 角子、香蕉蚌。

（张寒野 提供）

分类地位 动物界（Animalia）、软体动物门（Mollusca）、瓣鳃纲（Lamellibranchia）、真瓣鳃目（Eulamellibranchia）、蚌科（Unionidae）、扭蚌属（*Arconaia*）。

地位作用 扭蚌是我国淡水贝类潜在养殖种。主要用途为食用、饵料。

养殖分布 扭蚌主要在我国安徽等地区养殖。

养殖模式 扭蚌的养殖水体为淡水，以天然水域保护和增殖为主。

开发利用情况 扭蚌为本土种，是我国特有淡水贝类。目前该资源尚处于解决规模化人工繁殖阶段。全国共普查到 1 个繁育主体开展该资源的活体保种和 / 或苗种生产。

712.河蚬（*Corbicula fluminea*）

俗名 黄蚬、金蚬、扁螺、沙蜊。

（白志毅　提供）

分类地位　动物界（Animalia）、软体动物门（Mollusca）、双壳纲（Bivalvia）、帘蛤目（Veneroida）、花蚬科（Cyrenidae）、蚬属（*Corbicula*）。

地位作用　河蚬是我国淡水贝类潜在养殖种。主要用途为食用。

养殖分布　河蚬主要在我国安徽等地区养殖。

养殖模式　河蚬的养殖水体为淡水，主要养殖模式包括池塘养殖、大水面养殖。

开发利用情况　河蚬为本土种，是我国常见淡水贝类，是出口日本、韩国的重要种类。目前该资源尚处于解决规模化人工繁殖阶段。全国共普查到1个繁育主体开展该资源的活体保种和/或苗种生产。

713.巨首楔蚌（*Cuneopsis capitata*）

俗名 老鸦嘴、楔子蚌。

（白志毅 提供）

分类地位 动物界（Animalia）、软体动物门（Mollusca）、双壳纲（Bivalvia）、蚌目（Unionida）、蚌科（Unionidae）、楔蚌属（*Cuneopsis*）。

地位作用 巨首楔蚌是我国淡水贝类潜在养殖种。主要用途为食用。

养殖分布 巨首楔蚌主要在我国安徽等地区养殖。

养殖模式 巨首楔蚌的养殖水体为淡水，主要养殖模式包括池塘养殖、大水面养殖等。

开发利用情况 巨首楔蚌为本土种，是我国特有种。目前该资源尚处于解决规模化人工繁殖阶段。全国共普查到1个繁育主体开展该资源的活体保种和/或苗种生产。

714.圆头楔蚌（*Cuneopsis heudei*）

俗名 老窝贼、条梗、阿氏楔蚌、锥蚌。

（白志毅　提供）

分类地位　动物界（Animalia）、软体动物门（Mollusca）、双壳纲（Bivalvia）、蚌目（Unionida）、蚌科（Unionidae）、楔蚌属（*Cuneopsis*）。

地位作用　圆头楔蚌是我国淡水贝类潜在养殖种。主要用途为食用。

养殖分布　圆头楔蚌主要在我国安徽等地区养殖。

养殖模式　圆头楔蚌的养殖水体为淡水，主要养殖模式包括池塘养殖、大水面养殖等。

开发利用情况　圆头楔蚌为本土种，是我国特有种。目前该资源尚处于解决规模化人工繁殖阶段。全国共普查到1个繁育主体开展该资源的活体保种和/或苗种生产。

715.鱼尾楔蚌（*Cuneopsis pisciculus*）

俗名 牛角。

（白志毅 提供）

分类地位 动物界（Animalia）、软体动物门（Mollusca）、双壳纲（Bivalvia）、蚌目（Unionida）、蚌科（Unionidae）、楔蚌属（*Cuneopsis*）。

地位作用 鱼尾楔蚌是我国淡水贝类潜在养殖种。主要用途为食用。

养殖分布 鱼尾楔蚌主要在我国安徽等地区养殖。

养殖模式 鱼尾楔蚌的养殖水体为淡水，主要养殖模式包括池塘养殖、大水面养殖等。

开发利用情况 鱼尾楔蚌为本土种，是我国特有种。目前该资源尚处于解决规模化人工繁殖阶段。全国共普查到1个繁育主体开展该资源的活体保种和/或苗种生产。

716.洞穴丽蚌（*Lamprotula caveata*）

俗名 桥边。

（白志毅 提供）

分类地位 动物界（Animalia）、软体动物门（Mollusca）、双壳纲（Bivalvia）、蚌目（Unionida）、蚌科（Unionidae）、丽蚌属（*Lamprotula*）。

地位作用 洞穴丽蚌是我国淡水贝类潜在养殖种。主要用途为食用、饵料等。

养殖分布 洞穴丽蚌主要在我国安徽等地区养殖。

养殖模式 洞穴丽蚌的养殖水体为淡水，主要养殖模式包括池塘养殖、大水面养殖等。

开发利用情况 洞穴丽蚌为本土种，是我国特有种。目前该资源尚处于解决规模化人工繁殖阶段。全国共普查到1个繁育主体开展该资源的活体保种和/或苗种生产。

717.绢丝丽蚌（*Lamprotula fibrosa*）

俗名 老窝子。

（吴小平 提供）

分类地位 动物界（Animalia）、软体动物门（Mollusca）、双壳纲（Bivalvia）、蚌目（Unionida）、蚌科（Unionidae）、丽蚌属（*Lamprotula*）。

地位作用 绢丝丽蚌是我国淡水贝类珍稀保护种，列入《国家重点保护野生动物名录》（二级）。主要用途为保护。

养殖分布 绢丝丽蚌主要在我国浙江等地区养殖。

养殖模式 绢丝丽蚌的养殖水体为淡水，主要养殖模式包括池塘养殖、大水面养殖等。

开发利用情况 绢丝丽蚌为本土种，目前该资源尚处于解决规模化人工繁殖阶段。全国共普查到1个繁育主体开展该资源的活体保种和/或苗种生产。

718.背瘤丽蚌（*Lamprotula leaii*）

俗名 麻皮蚌、麻歪歪。

（代雨婷 提供）

分类地位 动物界（Animalia）、软体动物门（Mollusca）、瓣鳃纲（Lamellibranchia）、真瓣鳃目（Eulamellibranchia）、蚌科（Unionidae）、丽蚌属（*Lamprotula*）。

地位作用 背瘤丽蚌是我国淡水贝类珍稀保护种，列入《国家重点保护野生动物名录》（二级）。主要用途为保护。

养殖分布 背瘤丽蚌主要在我国华中、华东等地区养殖，包括浙江、安徽、湖北、湖南等。

养殖模式 背瘤丽蚌的养殖水体为淡水，主要养殖模式包括池塘养殖、大水面养殖等。

开发利用情况 背瘤丽蚌为本土种，目前该资源尚处于解决规模化人工繁殖阶段。全国共普查到4个繁育主体开展该资源的活体保种和/或苗种生产。

719.猪耳丽蚌（*Lamprotula rochechouartii*）

俗名　猪耳朵。

（白志毅　提供）

分类地位　动物界（Animalia）、软体动物门（Mollusca）、双壳纲（Bivalvia）、真瓣鳃目（Eulamellibranchia）、蚌科（Unionidae）、丽蚌属（*Lamprotula*）。

地位作用　猪耳丽蚌是我国淡水贝类潜在养殖种。主要用途为食用、饵料。

养殖分布　猪耳丽蚌主要在我国华东等地区养殖，包括浙江、安徽等。

养殖模式　猪耳丽蚌的养殖水体为淡水，主要养殖模式包括池塘养殖、大水面养殖等。

开发利用情况　猪耳丽蚌为本土种，是我国的特有种。目前该资源尚处于解决规模化人工繁殖阶段。全国共普查到2个繁育主体开展该资源的活体保种和/或苗种生产。

720.失衡丽蚌（*Lamprotula tortuosa*）

俗名 老窝子。

（白志毅　提供）

分类地位　动物界（Animalia）、软体动物门（Mollusca）、双壳纲（Bivalvia）、蚌目（Unionida）、蚌科（Unionidae）、丽蚌属（*Lamprotula*）。

地位作用　失衡丽蚌是我国淡水贝类潜在养殖种。主要用途为食用、饵料。

养殖分布　失衡丽蚌主要在我国浙江等地区养殖。

养殖模式　失衡丽蚌的养殖水体为淡水，主要养殖模式包括池塘养殖、大水面养殖等。

开发利用情况　失衡丽蚌为本土种，目前该资源尚处于解决规模化人工繁殖阶段。全国共普查到1个繁育主体开展该资源的活体保种和/或苗种生产。

721. 真柱状矛蚌（*Lanceolaria eucylindrica*）

俗名 无。

（白志毅 提供）

分类地位 动物界（Animalia）、软体动物门（Mollusca）、双壳纲（Bivalvia）、蚌目（Unionida）、蚌科（Unionidae）、矛蚌属（*Lanceolaria*）。

地位作用 真柱状矛蚌是我国淡水贝类潜在养殖种。主要用途为食用。

养殖分布 真柱状矛蚌主要在我国安徽等地区养殖。

养殖模式 真柱状矛蚌的养殖水体为淡水，主要养殖模式包括池塘养殖、大水面养殖等。

开发利用情况 真柱状矛蚌为本土种，是我国的特有种，目前该资源尚处于解决规模化人工繁殖阶段。全国共普查到1个繁育主体开展该资源的活体保种和/或苗种生产。

724.射线裂嵴蚌（*Schistodesmus lampreyanus*）

俗名 金银饼、湖蚌。

（白志毅　提供）

分类地位　动物界（Animalia）、软体动物门（Mollusca）、双壳纲（Bivalvia）、蚌目（Unionida）、蚌科（Unionidae）、裂嵴蚌属（*Schistodesmus*）。

地位作用　射线裂嵴蚌是我国淡水贝类潜在养殖种。主要用途为食用。

养殖分布　射线裂嵴蚌主要在我国安徽等地区养殖。

养殖模式　射线裂嵴蚌的养殖水体为淡水，主要养殖模式包括池塘养殖、大水面养殖等。

开发利用情况　射线裂嵴蚌为本土种，是我国的特有种，目前该资源尚处于解决规模化人工繁殖阶段。全国共普查到1个繁育主体开展该资源的活体保种和/或苗种生产。

725.背角无齿蚌（*Sinanodonta woodiana*）

俗名 菜蚌。

（白志毅　提供）

分类地位 动物界（Animalia）、软体动物门（Mollusca）、双壳纲（Bivalvia）、蚌目（Unionida）、蚌科（Unionidae）、无齿蚌属（*Sinanodonta*）。

地位作用 背角无齿蚌是我国淡水贝类潜在养殖种。主要用途为食用、饵料。

养殖分布 背角无齿蚌主要在我国华中、华东等地区养殖，包括上海、浙江、安徽、湖南等。

养殖模式 背角无齿蚌的养殖水体为淡水，主要养殖模式包括池塘养殖、大水面养殖、网箱养殖等，主要为单养或与草鱼、鲂、鲤、鲫等杂食性鱼类和鲢、鳙等滤食性鱼类混养等。

开发利用情况 背角无齿蚌为本土种，是我国的特有种，20世纪80年代解决了其人工苗种繁育技术。全国共普查到4个繁育主体开展该资源的活体保种和/或苗种生产。

726.橄榄蛏蚌（*Solenaia oleivora*）

俗名 淮河蛏子、义河蚶（湖北天门）。

（白志毅　提供）

分类地位 动物界（Animalia）、软体动物门（Mollusca）、双壳纲（Bivalvia）、蚌目（Unionida）、蚌科（Unionidae）、蛏蚌属（*Solenaia*）。

地位作用 橄榄蛏蚌是我国淡水贝类潜在养殖种。主要用途为食用。

养殖分布 橄榄蛏蚌主要在我国华东等地区养殖，包括浙江、安徽等。

养殖模式 橄榄蛏蚌的养殖水体为淡水，主要养殖模式包括池塘养殖等，主要与草鱼、团头鲂、黄颡鱼混养等。

开发利用情况 橄榄蛏蚌为本土种，是我国的特有种，近年来解决了其人工苗种繁育技术。全国共普查到3个繁育主体开展该资源的活体保种和/或苗种生产。

藻　类

国家水产养殖
种质资源种类
名录（图文版）

◎ 下 册 ◎

藻　类 🌊

727.海带（*Saccharina japonica*）

俗名　海带菜。

（刘涛　提供）

　　分类地位　原藻界（Chromista）、淡色藻门（Ochrophyta）、褐藻纲（Phaeophyceae）、海带目（Laminariales）、海带科（Laminariaceae）、糖藻属（*Saccharina*）。

　　地位作用　海带是我国引进的藻类主养种，是藻类中产量最高的栽培经济海藻。主要用途为食用、药用、生态工业原料、饲料等。

　　养殖分布　海带主要在我国黄渤海、东海等沿海地区养殖，包括福建、辽宁、山东、浙江、广东等。

　　养殖模式　海带的养殖水体为人工可控的海水水域，主要养殖模式为筏式养殖。

　　开发利用情况　海带为引进种，20世纪50年代解决了其人工苗种繁育技术，60年代培育出了国际上第一个海水养殖生物品种"海青一号"。已有"901""荣福""东方2号""东方3号""东方6号""爱伦湾""黄官1号""东方7号""三海""205"和"中宝1号"等品种通过全国水产原种和良种审定委员会审定。全国共普查到19个繁育主体开展该资源的活体保种和/或苗种生产。

728. "901" 海带

俗名　901。

分类地位　杂交种，亲本来源为日本长海带（*Laminaria longissima* ♀）× 海带早厚成品系一号（*Saccharina japonica* ♂）。

地位作用　"901" 海带是我国培育的第1个海带品种，主要选育性状为耐高温、抗强光，在相同养殖条件下，比父母本增产50%～100%。主要用途为食用、药用、生态工业原料、饵料。

养殖分布　"901" 海带主要在我国东海、黄渤海等沿海地区养殖，包括福建、山东等。

养殖模式　"901" 海带的养殖水体为人工可控的海水水域，主要养殖模式为筏式养殖。

开发利用情况　"901" 海带为培育种，由烟台市水产技术推广中心培育。1997年通过全国水产原良种审定委员会品种审定。全国共普查到1个繁育主体开展该资源的活体保种和/或苗种生产。

729. "荣福"海带

俗名 荣福。

分类地位 杂交种，亲本来源为北方高产的"远杂10号"海带养殖品种与南方"福建种"海带（*Saccharina japonica* ♂）。

地位作用 "荣福"海带是我国培育的海带品种。与母本、父本和当地栽培比较，"荣福"海带遗传特征明显，遗传性状稳定，主要经济性状优良，耐高温和高产性状突出，养殖生长适温达到21℃，养殖生产平均增产20%以上，在延长养殖收获期和增产增收方面具有显著的优势。主要用途为食用、药用、生态、工业原料、饲料。

养殖分布 "荣福"海带主要在我国东海、黄渤海等沿海地区养殖，包括福建、山东等。

养殖模式 "荣福"海带的养殖水体为人工可控的海水水域，主要养殖模式为筏式养殖。

开发利用情况 "荣福"海带为培育种，由中国海洋大学与山东荣成海兴水产有限公司联合培育。2004年通过全国水产原种和良种审定委员会审定。

730. "东方2号"杂交海带

俗名 东方2号。

分类地位 杂交种，亲本来源为海带（*Saccharina japonica* ♀）×长海带（*Saccharina longissimi* ♂）。

地位作用 "东方2号"杂交海带是我国培育的海带品种，选育的主要经济性状为生长速度快、成熟期适中、产量高、具有抗强光。在相同养殖条件下，比"901"品系增产28%，比早厚成品系一号增产59%左右。主要用途为食用、药用、生态、工业原料、饵料。

养殖分布 "东方2号"杂交海带主要在我国山东等沿海地区养殖。

养殖模式 "东方2号"杂交海带的养殖水体为人工可控的海水水域，主要养殖模式为筏式养殖。

开发利用情况 "东方2号"杂交海带为培育种，由山东东方海洋科技股份有限公司培育。2005年通过全国水产原种和良种审定委员会审定。全国共普查到1个繁育主体开展该资源的活体保种和/或苗种生产。

731.杂交海带"东方3号"

俗名 东方3号。

（李晓捷 提供）

分类地位 杂交种，亲本来源为海带改良品种7号品系（*Saccharina japonica* ♀）×长海带（♀）与早厚成一号（♂）杂交后代LZZ品系（♂）。

地位作用 杂交海带"东方3号"是我国培育的海带品种。主选性状为抗高温、抗强光。在相同养殖条件下，该品种较父本增产60.7％，较母本增产74.1％。主要用途为食用、药用、生态。

养殖分布 杂交海带"东方3号"主要在我国山东等沿海地区养殖。

养殖模式 杂交海带"东方3号"的养殖水体为人工可控的海水水域，主要养殖模式为筏式养殖。

开发利用情况 杂交海带"东方3号"为培育种，由烟台海带良种场山东东方海洋科技股份有限公司培育。2007年通过全国水产原良种审定委员会品种审定。全国共普查到1个繁育主体开展该资源的活体保种和/或苗种生产。

732. "爱伦湾" 海带（*Saccharina japonica*）

俗名 爱伦湾。

分类地位 原藻界（Chromista）、淡色藻门（Ochrophyta）、褐藻纲（Phaeophyceae）、海带目（Laminariales）、海带科（Laminariaceae）、糖藻属（*Saccharina*）。

地位作用 "爱伦湾"海带是我国培育的海带品种，主选性状为长度、宽度、鲜重、生长和脱落速度。在相同养殖条件下，比普通品种平均每667m²增产可达25%以上。主要用途为食用、药用、生态、工业原料、饵料。

养殖分布 "爱伦湾"海带主要在我国山东等地区养殖。

养殖模式 "爱伦湾"海带的养殖水体为人工可控的海水水域，主要养殖模式为筏式养殖。

开发利用情况 "爱伦湾"海带为培育种，由山东寻山集团公司和中国海洋大学联合培育。2010年通过全国水产原种和良种审定委员会审定。全国共普查到1个繁育主体开展该资源的活体保种和/或苗种生产。

733. 海带"黄官1号"（*Saccharina japonica*）

俗名 黄官1号。

（林枫 提供）

分类地位 原藻界（Chromista）、淡色藻门（Ochrophyta）、褐藻纲（Phaeophyceae）、海带目（Laminariales）、海带科（Laminariaceae）、糖藻属（*Saccharina*）。

地位作用 海带"黄官1号"是我国培育的海带品种，主选性状为耐高温、生长期长、抗烂性强。与大连、山东省当地养殖海带相比，"黄官1号"成熟期晚、耐高温、抗烂性强，成熟水温21℃以上；生长和收获期均较长；产量高27%，出菜率高20%。主要用途为食用、药用、生态、工业原料、饵料。

养殖分布 海带"黄官1号"主要在我国东海等沿海地区养殖，包括浙江、福建等。

养殖模式 海带"黄官1号"的养殖水体为人工可控的海水水域，主要养殖模式为筏式养殖。

开发利用情况 海带"黄官1号"为培育种，由中国水产科学研究院黄海水产研究所和福建省连江县官坞海洋开发有限公司培育。2011年通过全国水产原种和良种审定委员会审定。全国共普查到1个繁育主体开展该资源的活体保种和/或苗种生产。

734. "三海" 海带

俗名 三海。

分类地位 杂交种，亲本来源为福建养殖海带群体（♀）×"荣福"海带（♂）。

地位作用 "三海"海带是我国培育的海带品种，主要的选育性状为藻体宽度和鲜重。在相同养殖条件下，"三海"海带与普通海带品种相比，平均单株鲜重增幅达11.10%以上。主要用途为食用、药用、生态、工业原料、饵料。

养殖分布 "三海"海带主要在我国东海、黄渤海等沿海地区养殖，包括福建、辽宁、山东、浙江等。

养殖模式 "三海"海带的养殖水体为人工可控的海水水域，主要养殖模式为筏式养殖。

开发利用情况 "三海"海带为培育种，由中国海洋大学、福建省霞浦三沙鑫晟海带良种有限公司、福建省三沙渔业有限公司、荣成海兴水产有限公司联合培育。2012年通过全国水产原种和良种审定委员会审定。全国共普查到4个繁育主体开展该资源的活体保种和/或苗种生产。

735.海带 "东方6号"（*Saccharina japonica*）

俗名　东方6号。

分类地位　原藻界（Chromista）、淡色藻门（Ochrophyta）、褐藻纲（Phaeophyceae）、海带目（Laminariales）、海带科（Laminariaceae）、糖藻属（*Saccharina*）。

地位作用　海带 "东方6号" 是我国培育的海带品种。主选性状为耐高温和抗强光。在山东半岛的相同栽培条件下与普通海带相比，生长最高温度可达17.0℃，收获期可持续到7月底至8月初，较普通海带延长15d以上；盐渍和淡干品色泽优良，盐渍加工667m² 产量较普通海带提高46.4%，淡干667m² 产量提高36.1%。主要用途为食用、药用、生态、工业原料、饵料。

养殖分布　海带 "东方6号" 主要在我国山东等沿海地区养殖。

养殖模式　海带 "东方6号" 的养殖水体为人工可控的海水水域，主要养殖模式为筏式养殖。

开发利用情况　海带 "东方6号" 为培育种，由山东东方海洋科技股份有限公司培育。2013年12月，"东方6号" 海带通过全国水产原良种审定委员会品种审定。全国共普查到1个繁育主体开展该资源的活体保种和/或苗种生产。

736.海带"205"（*Saccharina japonica*）

俗名　205

（逄少军　提供）

分类地位　原藻界（Chromista）、淡色藻门（Ochrophyta）、褐藻纲（Phaeophyceae）、海带目（Laminariales）、海带科（Laminariaceae）、糖藻属（*Saccharina*）。

地位作用　海带"205"是我国培育的海带品种。主选性状为耐高温、耐高光等。在相同养殖条件下，与普通海带品种相比，在水温6℃左右（4月上旬）可开始收获，收获期可延续至水温达到19℃左右（7月中下旬），产量提高15.0%以上。主要用途为食用、药用、生态、工业原料、饵料。

养殖分布　海带"205"主要在我国山东等沿海地区养殖。

养殖模式　海带"205"的养殖水体为人工可控的海水水域，主要养殖模式为筏式养殖。

开发利用情况　海带"205"为培育种，由中国科学院海洋研究所和荣成市蜊江水产有限责任公司联合培育。2014年通过全国水产原种和良种审定委员会审定。全国共普查到1个繁育主体开展该资源的活体保种和/或苗种生产。

737.海带"东方7号"(*Saccharina japonica*)

俗名 东方7号。

　　分类地位 原藻界(Chromista)、淡色藻门(Ochrophyta)、褐藻纲(Phaeophyceae)、海带目(Laminariales)、海带科(Laminariaceae)、糖藻属(*Saccharina*)。

　　地位作用 海带"东方7号"是我国培育的海带品种。在相同养殖条件下,"东方7号"海带与普通海带品种相比,在水温13 ℃左右(约5月中旬)可开始收获,收获期可持续至水温17 ℃左右(6月底或7月初);叶片宽度提高20%以上,淡干产量提高25%以上。主要用途为食用、药用、生态、工业原料、饵料。

　　养殖分布 海带"东方7号"主要在我国山东等沿海地区养殖。

　　养殖模式 海带"东方7号"的养殖水体为人工可控的海水水域,主要养殖模式为筏式养殖。

　　开发利用情况 海带"东方7号"为培育种,由山东东方海洋科技股公司培育,2014年通过全国水产原种和良种审定委员会审定。全国共普查到1个繁育主体开展该资源的活体保种和/或苗种生产。

738. 海带"中宝1号"（*Saccharina japonica*）

俗名 中宝1号。

（逄少军　提供）

分类地位　原藻界（Chromista）、淡色藻门（Ochrophyta）、褐藻纲（Phaeophyceae）、海带目（Laminariales）、海带科（Laminariaceae）、糖藻属（*Saccharina*）。

地位作用　海带"中宝1号"是我国培育的海带品种。在北方地区的相同栽培条件下，与普通养殖海带相比，7月中下旬产量平均提高63.9%；烫菜加工出成率提高10%以上。主要用途为食用、药用、生态、工业原料、饵料。

养殖分布　海带"中宝1号"主要在我国辽宁等沿海地区养殖。

养殖模式　海带"中宝1号"的养殖水体为人工可控的海水水域，主要养殖模式为筏式养殖。

开发利用情况　海带"中宝1号"为培育种，由中国科学院海洋研究所和大连海宝渔业有限公司联合培育。2021年通过全国水产原种和良种审定委员会审定。全国共普查到1个繁育主体开展该资源的活体保种和/或苗种生产。

739.条斑紫菜（*Neopyropia yezoensis*）

俗名 紫菜、海苔。

（刘涛 提供）

分类地位 植物界（Plantae）、红藻门（Rhodophyta）、红毛菜纲（Bangiophyceae）、红毛菜目（Bangiales）、红毛菜科（Bangiaceae）、紫菜属（*Neopyropia*）。

地位作用 条斑紫菜是我国藻类主养种。主要用途为食用、饵料等。

养殖分布 条斑紫菜主要在我国黄海、东海等沿海地区养殖，包括江苏、福建、山东等。

养殖模式 条斑紫菜的养殖水体为海水，主要养殖模式为筏式养殖。

开发利用情况 条斑紫菜为本土种，在20世纪50年代中期，紫菜生活史研究基本完成。1966年利用文蛤等贝壳基质进行丝状体的人工培育，解决了其人工苗种繁育技术。20世纪70年代，开始大规模养殖。已有"苏通1号"和"苏通2号"等条斑紫菜品种通过全国水产原种和良种审定委员会审定。全国共普查到96个繁育主体开展该资源的活体保种和/或苗种生产。

740.条斑紫菜"苏通1号"
(*Neopyropia yezoensis*)

俗名 苏通1号、紫菜、海苔。

分类地位 植物界（Plantae）、红藻门（Rhodophyta）、红毛菜纲（Bangiophyceae）、红毛菜目（Bangiales）、红毛菜科（Bangiaceae）、紫菜属（*Neopyropia*）。

地位作用 条斑紫菜"苏通1号"是我国第1个条斑紫菜品种，具有高产、稳产、抗高光、高品质的性状特征。在相同养殖条件下，同一生产周期内，该品种比亲本野生种增产37.8％，比当地传统养殖种增产18.6％；对高光照的适应能力较强；藻体品质优良，蛋白质含量比当地传统养殖种高15.4％，不饱和脂肪酸含量占总脂肪酸含量的67.4％。主要用途为食用、饵料等。

养殖分布 条斑紫菜"苏通1号"主要在我国江苏等沿海地区养殖。

养殖模式 条斑紫菜"苏通1号"的养殖水体为人工可控的海水水域，主要养殖模式为筏式养殖。

开发利用情况 条斑紫菜"苏通1号"为培育种，由江苏省海洋水产研究所和常熟理工学院联合培育。2014年通过全国水产原种和良种审定委员会审定。全国共普查到46个繁育主体开展该资源的活体保种和/或苗种生产。

741.条斑紫菜"苏通2号"
(*Neopyropia yezoensis*)

俗名 苏通2号、紫菜、海苔。

（朱建一 陆勤勤 周伟 张涛 提供）

分类地位 植物界（Plantae）、红藻门（Rhodophyta）、红毛菜纲（Bangiophyceae）、红毛菜目（Bangiales）、红毛菜科（Bangiaceae）、紫菜属（*Neopyropia*）。

地位作用 条斑紫菜"苏通2号"是我国培育的条斑紫菜品种，具有高产，稳产，高品质的性状特征。在相同养殖条件下，与普通条斑紫菜品种相比，苏通2号产量提高10.0％以上。藻体紫褐色，色泽具光泽，单孢子放散适量，叶状体厚度较薄，制品品质优良，每平方米贝壳丝状体可采667m^{2}以上的壳孢子网帘。主要用途为食用、饵料等。

养殖分布 条斑紫菜"苏通2号"主要在我国江苏等沿海地区养殖。

养殖模式 条斑紫菜"苏通2号"的养殖水体为人工可控的海水水域，主要养殖模式为筏式养殖。

开发利用情况 条斑紫菜"苏通2号"为培育种，由常熟理工学院和江苏省海洋水产研究所联合培育。2015年通过全国水产原种和良种审定委员会审定。全国共普查到6个繁育主体开展该资源的活体保种和/或苗种生产。

742. 坛紫菜（*Pyropia haitanensis*）

俗名　紫菜。

（刘涛　提供）

分类地位　植物界（Plantae）、红藻门（Rhodophyta）、红毛菜纲（Bangiophyceae）、红毛菜目（Bangiales）、红毛菜科（Bangiaceae）、法紫菜属（*Pyropia*）。

地位作用　坛紫菜是我国藻类的主养种。主要用途为食用、饵料等。

养殖分布　坛紫菜主要在我国东海、黄海、南海等沿海地区养殖，包括浙江、福建、江苏、广东和山东等。

养殖模式　坛紫菜的养殖水体为海水，主要养殖模式为筏式养殖。

开发利用情况　坛紫菜为本土种，20世纪50年代中期，随着坛紫菜生活史研究基本完成，福建省开始尝试着利用网帘采集野生苗种进行养殖；1966年，利用文蛤等贝壳基质，成功解决坛紫菜丝状体人工培育的技术。已有"申福1号""闽丰1号""申福2号""浙东1号"和"闽丰2号"等坛紫菜品种通过全国水产原种和良种审定委员会审定。全国共普查到82个繁育主体开展该资源的活体保种和/或苗种生产。

743.坛紫菜"申福1号"
（*Pyropia haitanensis*）

俗名 申福1号，紫菜。

分类地位 植物界（Plantae）、红藻门（Rhodophyta）、红毛菜纲（Bangiophyceae）、红毛菜目（Bangiales）、红毛菜科（Bangiaceae）、法紫菜属（*Pyropia*）。

地位作用 坛紫菜"申福1号"是我国培育的第1个坛紫菜品种。同传统坛紫菜相比，产量提高25%以上；生长期长，叶状体成熟期晚，菜质下降速度慢；藻体厚度降低20%以上，更适合全自动机械加工。主要用途为食用、饵料等。

养殖分布 坛紫菜"申福1号"主要在我国东海等沿海地区养殖，包括浙江、福建等。

养殖模式 坛紫菜"申福1号"的养殖水体为人工可控的海水水域，主要养殖模式为筏式养殖。

开发利用情况 坛紫菜"申福1号"为培育种，由上海海洋大学培育。2009年通过全国水产原种和良种审定委员会审定。全国共普查到3个繁育主体开展该资源的活体保种和/或苗种生产。

744. 坛紫菜 "闽丰1号"
(*Pyropia haitanensis*)

俗名 闽丰1号、紫菜。

分类地位 植物界（Plantae）、红藻门（Rhodophyta）、红毛菜纲（Bangiophyceae）、红毛菜目（Bangiales）、红毛菜科（Bangiaceae）、法紫菜属（*Pyropia*）。

地位作用 坛紫菜 "闽丰1号" 是我国培育的坛紫菜品种，选育性状为生长速度、耐高温。与未经选育的坛紫菜相比，较耐高温、生长期长、生长快，产量比同海区栽培的传统养殖品种提高25%以上。主要用途为食用、饵料等。

养殖分布 坛紫菜 "闽丰1号" 主要在我国东海、南海等沿海地区养殖，包括浙江、福建、广东等。

养殖模式 坛紫菜 "闽丰1号" 的养殖水体为人工可控的海水水域，主要养殖模式为筏式养殖。

开发利用情况 坛紫菜 "闽丰1号" 为培育种，由集美大学培育。2013年通过全国水产原种和良种审定委员会审定。全国共普查到2个繁育主体开展该资源的活体保种和/或苗种生产。

745.坛紫菜"申福2号"
（*Pyropia haitanensis*）

俗名 申福2号、紫菜。

（于喆 提供）

分类地位 植物界（Plantae）、红藻门（Rhodophyta）、红毛菜纲（Bangiophyceae）、红毛菜目（Bangiales）、红毛菜科（Bangiaceae）、法紫菜属（*Pyropia*）。

地位作用 坛紫菜"申福2号"是我国培育的坛紫菜品种，主选性状为生长速度、耐高温。在相同栽培条件下，30～50d生长期的绝对生长率是坛紫菜传统养殖种的1.5倍；120日龄的叶状体才开始出现性细胞，比传统养殖种晚熟90d，菜质下降速度慢、生长期长；产量比传统养殖种提高28%～35%；主要色素和色素蛋白总含量比传统养殖种增加约55.8%；叶状体耐高温能力比坛紫菜"申福1号"强，贝壳丝状体的壳孢子放散量比坛紫菜"申福1号"增加40%～52%。主要用途为食用、饵料等。

养殖分布 坛紫菜"申福2号"主要在我国东海等沿海地区养殖，包括浙江、福建等。

养殖模式 坛紫菜"申福2号"的养殖水体为人工可控的海水水域，主要养殖模式为筏式养殖。

开发利用情况 坛紫菜"申福2号"为培育种，由上海海洋大学和福建省大成水产良种繁育试验中心联合培育。2013年通过全国水产原种和良种审定委员会审定。全国共普查到5个繁育主体开展该资源的活体保种和/或苗种生产。

746. 坛紫菜 "浙东1号"
(*Pyropia haitanensis*)

俗名 浙东1号、紫菜。

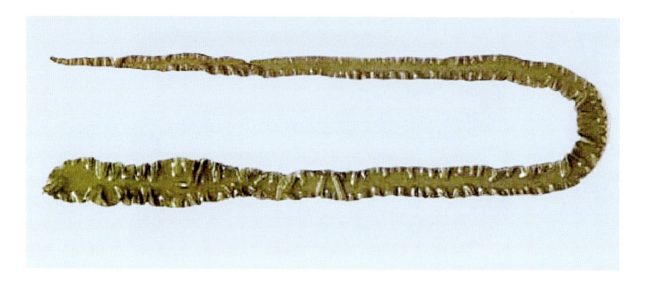

分类地位 植物界（Plantae）、红藻门（Rhodophyta）、红毛菜纲（Bangiophyceae）、红毛菜目（Bangiales）、红毛菜科（Bangiaceae）、法紫菜属（*Pyropia*）。

地位作用 坛紫菜 "浙东1号" 是我国培育的坛紫菜品种，主选性状为生长速度、繁殖力强。在相同栽培条件下，与普通坛紫菜品种相比，"浙东1号" 生长速度快，叶片厚度提高8.8%，产量提高15.0%以上，壳孢子放散量提高25%以上。主要用途为食用、饵料等。

养殖分布 坛紫菜 "浙东1号" 主要在我国浙江等沿海地区养殖。

养殖模式 坛紫菜 "浙东1号" 的养殖水体为人工可控的海水水域，主要养殖模式为筏式养殖。

开发利用情况 坛紫菜 "浙东1号" 为培育种，由宁波大学和浙江省海洋水产养殖研究所培育。2015年通过全国水产原种和良种审定委员会审定。全国共普查到1个繁育主体开展该资源的活体保种和/或苗种生产。

747.坛紫菜"闽丰2号"
(*Pyropia haitanensis*)

俗名 闽丰2号、紫菜。

分类地位 植物界（Plantae）、红藻门（Rhodophyta）、红毛菜纲（Bangiophyceae）、红毛菜目（Bangiales）、红毛菜科（Bangiaceae）、法紫菜属（*Pyropia*）。

地位作用 坛紫菜"闽丰2号"是我国培育的坛紫菜品种，主选性状为生长速度、品质。生长速度快，平均生长速度高于传统养殖品种25%以上；耐高温，比传统养殖品种提高2℃以上；粗蛋白、色素蛋白和4种呈味氨基酸的含量均比传统养殖品种提高20%以上。主要用途为食用、饵料等。

养殖分布 坛紫菜"闽丰2号"主要在我国福建等沿海地区养殖。

养殖模式 坛紫菜"闽丰2号"的养殖水体为人工可控的海水水域，主要养殖模式为筏式养殖。

开发利用情况 坛紫菜"闽丰2号"为培育种，由集美大学培育。2020年通过全国水产原种和良种审定委员会审定。全国共普查到3个繁育主体开展该资源的活体保种和/或苗种生产。

748.裙带菜（*Undaria pinnatifida*）

俗名 海芥菜、裙菜。

（刘涛　提供）

分类地位 原藻界（Chromista）、淡色藻门（Ochrophyta）、褐藻纲（Phaeophyceae）、海带目（Laminariales）、翅藻科（Alariaceae）、裙带菜属（*Undaria*）。

地位作用 裙带菜是我国藻类主养种。主要用途为食用、饵料等。

养殖分布 裙带菜主要在我国黄渤海等沿海地区养殖，包括辽宁、山东等。

养殖模式 裙带菜的养殖水体为海水，主要养殖模式为筏式养殖。

开发利用情况 裙带菜为本土种，20世纪60年代开启了裙带菜苗种培育及人工栽培技术研究，80年代解决了其大规模人工苗种繁育技术。已有"海宝1号"和"海宝2号"等裙带菜品种通过全国水产原种和良种审定委员会审定。全国共普查到3个繁育主体开展该资源的活体保种和/或苗种生产。

749.裙带菜 "海宝1号"（*Undaria pinnatifida*）

俗名 海宝1号、海芥菜、裙菜。

分类地位 原藻界（Chromista）、淡色藻门（Ochrophyta）、褐藻纲（Phaeophyceae）、海带目（Laminariales）、翅藻科（Alariaceae）、裙带菜属（*Undaria*）。

地位作用 裙带菜 "海宝1号" 是我国培育的第1个裙带菜品种，选育性状为生长快、繁殖力强。在辽东半岛主栽培区相同栽培条件下，一个生产周期内，"海宝1号" 平均吊重达160 kg，比普通裙带菜提高48.1%；平均每吊孢子囊叶的产量为21 kg。主要用途为食用、饵料等。

养殖分布 裙带菜 "海宝1号" 主要在我国黄渤海等沿海地区养殖，包括辽宁、山东等。

养殖模式 裙带菜 "海宝1号" 的养殖水体为人工可控的海水水域，主要养殖模式为筏式养殖。

开发利用情况 裙带菜 "海宝1号" 为培育种，由中国科学院海洋研究所和大连海宝渔业有限公司联合培育。2013年通过全国水产原种和良种审定委员会审定。全国共普查到1个繁育主体开展该资源的活体保种和/或苗种生产。

750. 裙带菜"海宝2号"（*Undaria pinnatifida*）

俗名 海宝2号、海芥菜、裙菜。

分类地位 原藻界（Chromista）、淡色藻门（Ochrophyta）、褐藻纲（Phaeophyceae）、海带目（Laminariales）、翅藻科（Alariaceae）、裙带菜属（*Undaria*）。

地位作用 裙带菜"海宝2号"是我国培育的裙带菜品种，以晚熟和高产为选育指标。在相同栽培条件下，与普通裙带菜品种相比，海宝2号收割期延迟15～20d，最迟可到5月上旬，产量提高30%以上，菜质较好。主要用途为食用、饵料等。

养殖分布 裙带菜"海宝2号"主要在我国辽宁等沿海地区养殖。

养殖模式 裙带菜"海宝2号"的养殖水体为人工可控的海水水域，主要养殖模式为筏式养殖。

开发利用情况 裙带菜"海宝2号"为培育种，由大连海宝渔业有限公司和中国科学院海洋研究所联合培育。2014年通过全国水产原种和良种审定委员会审定。

751.龙须菜（*Gracilariopsis lemaneiformis*）

俗名 海菜、江蓠、线菜、发菜。

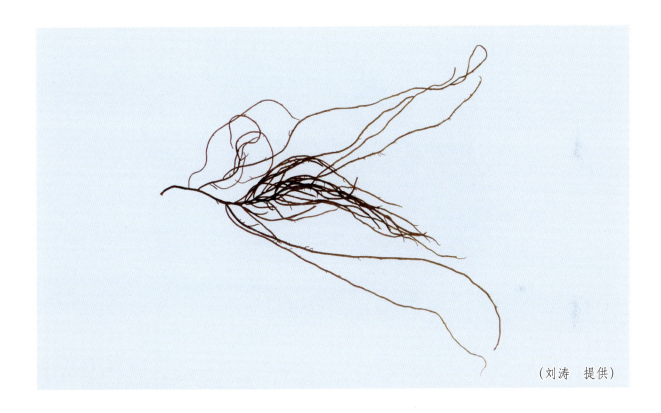

（刘涛　提供）

分类地位 植物界（Plantae）、红藻门（Rhodophyta）、真红藻纲（Florideophyceae）、江蓠目（Gracilariales）、江蓠科（Gracilariaceae）、龙须菜属（*Gracilariopsis*）。

地位作用 龙须菜是我国藻类的主养种。主要用途为水产动物饵料、食用。

养殖分布 龙须菜主要在我国东海、黄渤海、南海等沿海地区养殖，包括福建、山东、广东等。

养殖模式 龙须菜的养殖水体为海水，主要养殖模式为筏式养殖。

开发利用情况 龙须菜为本土种，20世纪末期解决了其人工苗种繁育技术。已有"981"，"2007"和"鲁龙1号"3个龙须菜品种通过全国水产原种和良种审定委员会审定。

752. "981" 龙须菜

(*Gracilariopsis lemaneiformis*)

俗名 981、海菜、江蓠、线菜、发菜。

分类地位 植物界（Plantae）、红藻门（Rhodophyta）、真红藻纲（Florideophyceae）、江蓠目（Gracilariales）、江蓠科（Gracilariaceae）、龙须菜属（*Gracilariopsis*）。

地位作用 "981"龙须菜是我国培育的第1个龙须菜品种，主选性状为耐高温，高生长率，高琼胶含量。该品种可在12 ～ 26℃温度范围内生长。每天平均生长率为7% ～ 9%，琼胶含量21.57%，强度1 800 g/cm²。主要用途为水产动物饵料、食用。

养殖分布 "981"龙须菜主要在我国山东等沿海地区养殖。

养殖模式 "981"龙须菜的养殖水体为人工可控的海水水域，主要养殖模式为筏式养殖。

开发利用情况 "981"龙须菜为培育种，由中国科学院海洋研究所和中国海洋大学联合培育。2006年通过全国水产原种和良种审定委员会审定。

753. 龙须菜"2007"
(*Gracilariopsis lemaneiformis*)

俗名 2007、海菜、江蓠、线菜、发菜。

分类地位 植物界 (Plantae)、红藻门 (Rhodophyta)、真红藻纲 (Florideophyceae)、江蓠目 (Gracilariales)、江蓠科 (Gracilariaceae)、龙须菜属 (*Gracilariopsis*)。

地位作用 龙须菜"2007"是我国培育的龙须菜品种，主选性状为耐高温，生长率高，琼胶含量高，质量好。在相同栽培条件下，一个生产周期内，龙须菜"2007"直径比野生龙须菜粗45%，比"981"龙须菜粗33%；平均667m²产量比"981"龙须菜提高17.7%；可耐受27℃高温，比野生龙须菜提高4℃，比"981"龙须菜提高1~2℃；琼胶含量比野生龙须菜提高20.6%，比"981"龙须菜提高14.2%，凝胶强度比野生龙须菜提高36.0%，比"981"龙须菜提高11.5%。主要用途为水产动物饵料、食用。

养殖分布 龙须菜"2007"主要在我国山东等沿海地区养殖。

养殖模式 龙须菜"2007"的养殖水体为人工可控的海水水域，主要养殖模式为筏式养殖。

开发利用情况 龙须菜"2007"为培育种，由中国海洋大学和汕头大学联合培育。2013年通过全国水产原种和良种审定委员会审定。

754.龙须菜"鲁龙1号"（*Gracilariopsis lemaneiformis*）

俗名　鲁龙1号、海菜、江蓠、线菜、发菜。

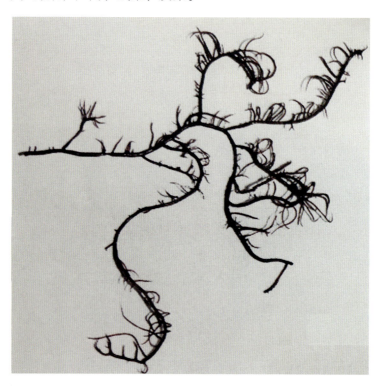

分类地位　植物界（Plantae）、红藻门（Rhodophyta）、真红藻纲（Florideophyceae）、江蓠目（Gracilariales）、江蓠科（Gracilariaceae）、龙须菜属（*Gracilariopsis*）。

地位作用　龙须菜"鲁龙1号"是我国培育的龙须菜品种，主选性状为生长速度、蛋白质含量。在相同栽培条件下，与普通龙须菜品种相比，鲁龙1号产量提高15.0%以上，蛋白质含量提高约12.0%。主要用途为水产动物饵料、食用。

养殖分布　龙须菜"鲁龙1号"主要在我国东海、黄渤海等沿海地区养殖，包括福建、山东等。

养殖模式　龙须菜"鲁龙1号"的养殖水体为人工可控的海水水域，主要养殖模式为筏式养殖。

开发利用情况　龙须菜"鲁龙1号"为培育种，由中国海洋大学和福建省莆田市水产技术推广站联合培育。2014年通过全国水产原种和良种审定委员会审定。

755.脆江蓠（*Gracilaria chouae*）

俗名 羊胡须（福建平潭）、海菜（海南）、浦藻、白藻。

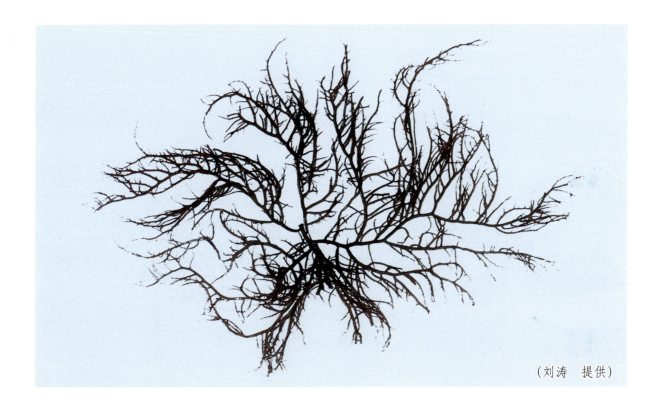

（刘涛 提供）

分类地位 植物界（Plantae）、红藻门（Rhodophyta）、真红藻纲（Florideophyceae）、江蓠目（Gracilariales）、江蓠科（Gracilariaceae）、江蓠属（*Gracilaria*）。

地位作用 脆江蓠是我国藻类的主养种。主要用途为饵料、食用。

养殖分布 脆江蓠主要在我国福建等沿海地区养殖。

养殖模式 脆江蓠的养殖水体为海水，主要养殖模式为池塘养殖。

开发利用情况 脆江蓠为本土种，自然分布于中国浙江和福建沿海地区，已解决其人工苗种繁育技术。

756.细基江蓠繁枝变种
(*Gracilaria tenuistipitata*)

俗名 细江蓠。

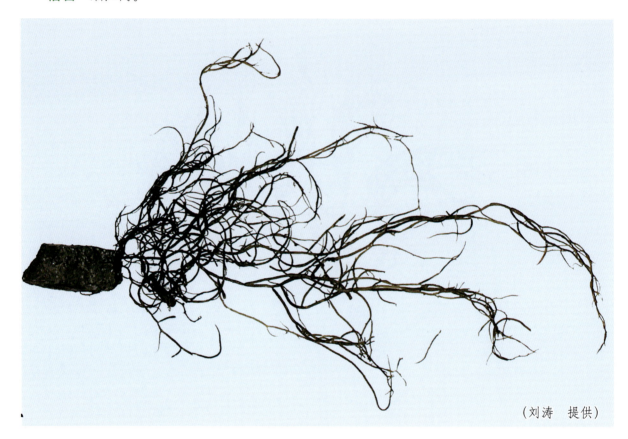

（刘涛 提供）

分类地位 植物界（Plantae）、红藻门（Rhodophyta）、真红藻纲（Florideophyceae）、江蓠目（Gracilariales）、江蓠科（Gracilariaceae）、江蓠属（*Gracilaria*）。

地位作用 细基江蓠繁枝变种是我国华南地区特色养殖种。主要用途为饵料等。

养殖分布 细基江蓠繁枝变种主要在我国海南等沿海地区养殖。

养殖模式 细基江蓠繁枝变种的养殖水体为海水，主要养殖模式为池塘养殖。

开发利用情况 细基江蓠繁枝变种为本土种，自然分布于海南省北部沿海低盐池塘。20世纪80年代开始，利用其无性繁殖能力强的特点，进行了池塘底播增殖。

757.异枝江蓠（*Gracilariopsis heteroclada*）

俗名 江蓠。

（刘涛 提供）

分类地位 植物界（Plantae）、红藻门（Rhodophyta）、真红藻纲（Florideophyceae）、江蓠目（Gracilariales）、江蓠科（Gracilariaceae）、龙须菜属（*Gracilariopsis*）。

地位作用 异枝江蓠是我国华南地区特色养殖种。主要用途为水产动物饲料、琼胶提取。

养殖分布 异枝江蓠主要在我国海南等沿海地区养殖。

养殖模式 异枝江蓠的养殖水体为海水，主要养殖模式为池塘养殖。

开发利用情况 异枝江蓠为本土种，21世纪初期，利用其无性繁殖能力强的特点，海南省三亚市、陵水县和广东省阳江市进行了池塘底播增殖和海区筏式养殖。

758.菊花心江蓠（*Gracilaria lichevoides*）

俗名 帚状江蓠。

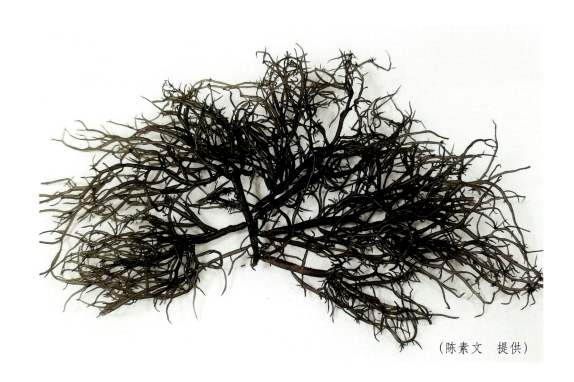

（陈素文　提供）

分类地位　植物界（Plantae）、红藻门（Rhodophyta）、真红藻纲（Florideophyceae）、江蓠目（Gracilariales）、江蓠科（Gracilariaceae）、江蓠属（*Gracilaria*）。

地位作用　菊花心江蓠是我国东南沿海特色养殖种。主要用途为水产动物饲料、琼胶提取。

养殖分布　菊花心江蓠主要在我国东海、南海等沿海地区养殖，包括福建、广东、海南等。

养殖模式　菊花心江蓠的养殖水体为海水，主要养殖模式为池塘养殖。

开发利用情况　菊花心江蓠为本土种，20世纪末逐渐在福建、广东沿海推广，无性繁殖和有性繁殖能力较强。

759.红毛菜（*Bangia fuscopurpurea*）

俗名　红毛藻、牛毛藻、红毛苔、红发菜。

（刘涛　提供）

分类地位　植物界（Plantae）、红藻门（Rhodophyta）、红毛菜纲（Bangiophyceae）、红毛菜目（Bangiales）、红毛菜科（Bangiaceae）、红毛菜属（*Bangia*）。

地位作用　红毛菜是我国福建沿海特色养殖种。主要用途为食用。

养殖分布　红毛菜主要在我国福建等沿海地区养殖。

养殖模式　红毛菜的养殖水体为海水，主要养殖模式为筏式养殖。

开发利用情况　红毛菜为本土种，20世纪80年代解决了其贝壳丝状体人工苗种繁育技术和海区筏式养殖技术。全国共普查到2个繁育主体开展该资源的活体保种和/或苗种生产。

760. 琼枝（*Betaphycus gelatinus*）

俗名 海菜、石芝、石花菜。

（刘涛 提供）

分类地位 植物界（Plantae）、红藻门（Rhodophyta）、真红藻纲（Florideophyceae）、杉藻目（Gigartinales）、红翎菜科（Solieriaceae）、琼枝藻属（*Betaphycus*）。

地位作用 琼枝是我国华南沿海特色养殖种。主要用途为卡拉胶提取、食用。

养殖分布 琼枝主要在我国海南等沿海地区养殖。

养殖模式 琼枝的养殖水体为海水，主要养殖模式为底播增殖。

开发利用情况 琼枝为本土种，自然分布于海南省、广东省和西沙群岛。20世纪80年代开始在海南省琼海市、文昌市等地进行底播增殖。全国共普查到1个繁育主体开展该资源的活体保种和/或苗种生产。

761.角叉菜（*Chondrus ocellatus*）

俗名 猴葵、鹿角、赤菜、红菜、胶菜、石花菜。

（刘涛 提供）

分类地位 植物界（Plantae）、红藻门（Rhodophyta）、真红藻纲（Florideophyceae）、杉藻目（Gigartinales）、杉藻科（Gigartinaceae）、角叉菜属（*Chondrus*）。

地位作用 角叉菜是我国华南沿海特色养殖种。主要用途为卡拉胶提取、食用。

养殖分布 角叉菜主要在我国海南等沿海地区养殖。

养殖模式 角叉菜的养殖水体为海水，主要养殖模式为筏式养殖。

开发利用情况 角叉菜为本土种，20世纪末期开展了角叉菜的繁育和人工养殖实验，但未进行大规模繁育和养殖。全国共普查到1个繁育主体开展该资源的活体保种和/或苗种生产。

762.麒麟菜（*Eucheuma denticulatum*）

俗名 石花菜。

（刘涛 提供）

分类地位 植物界（Plantae）、红藻门（Rhodophyta）、真红藻纲（Florideophyceae）、杉藻目（Gigartinales）、红翎菜科（Solieriaceae）、麒麟菜属（*Eucheuma*）。

地位作用 麒麟菜是我国华南沿海特色养殖种。主要用途为卡拉胶提取、食用。

养殖分布 麒麟菜主要在我国海南等沿海地区养殖。

养殖模式 麒麟菜的养殖水体为海水，主要养殖模式为筏式养殖。

开发利用情况 麒麟菜为本土种，自然分布于海南省和西沙群岛。因过度采捕导致资源枯竭。20世纪初期从印度尼西亚等国引进少量群体进行驯化养殖。

763.长心卡帕藻（*Kappaphycus alvarezii*）

俗名 无。

（刘涛 提供）

分类地位 植物界（Plantae）、红藻门（Rhodophyta）、真红藻纲（Florideophyceae）、杉藻目（Gigartinales）、红翎菜科（Solieriaceae）、卡帕藻属（*Kappaphycus*）。

地位作用 长心卡帕藻是我国华南沿海特色养殖种。主要用途为卡拉胶提取、食用。

养殖分布 长心卡帕藻主要在我国海南等沿海地区养殖。

养殖模式 长心卡帕藻的养殖水体为海水，主要养殖模式为筏式养殖。

开发利用情况 长心卡帕藻为本土种，20世纪80年代从菲律宾引进群体在海南省琼海市、三亚市进行养殖；21世纪初期从菲律宾、印度尼西亚、马来西亚和越南引进，在海南省陵水县和琼海市进行养殖。全国共普查到1个繁育主体开展该资源的活体保种和/或苗种生产。

764.羊栖菜（*Sargassum fusiforme*）

俗名 大麦菜。

（刘涛　提供）

分类地位　原藻界（Chromista）、淡色藻门（Ochrophyta）、褐藻纲（Phaeophyceae）、墨角藻目（Fucales）、马尾藻科（Sargassaceae）、马尾藻属（*Sargassum*）。

地位作用　羊栖菜是我国藻类区域特色养殖种。主要用途为食用、药用、饵料。

养殖分布　羊栖菜主要在我国浙江等沿海地区养殖。

养殖模式　羊栖菜的养殖水体为海水，主要养殖模式为筏式养殖。

开发利用情况　羊栖菜为本土种，自然分布于我国辽宁省、山东省、浙江省、福建省和广东省沿海。21世纪初期，通过羊栖菜苗种的海区暂养大幅度提高了苗种存活率，解决了规模化人工苗种繁育技术。全国共普查到9个繁育主体开展该资源的活体保种和/或苗种生产。

765. 鼠尾藻（*Sargassum thunbergii*）

俗名　谷穗子、谷穗果、谷穗蒿、岙头子、马尾、马尾比、卜卜菜、牛尾茜、台茜、海茜、马尾茜。

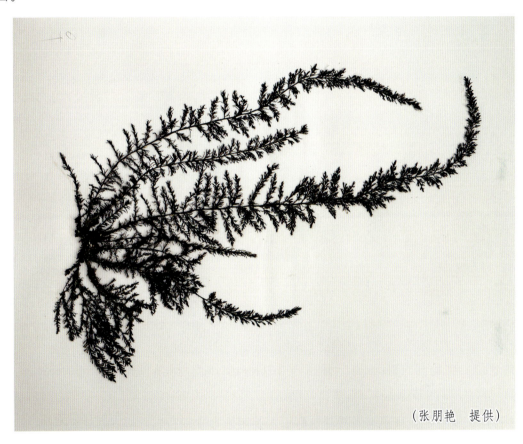

（张朋艳　提供）

分类地位　原藻界（Chromista）、淡色藻门（Ochrophyta）、褐藻纲（Phaeophyceae）、墨角藻目（Fucales）、马尾藻科（Sargassaceae）、马尾藻属（*Sargassum*）。

地位作用　鼠尾藻是我国藻类潜在养殖种。主要用途为药用、饵料。

养殖分布　鼠尾藻主要在我国黄渤海、东海、南海等沿海地区养殖，包括浙江、山东、海南等。

养殖模式　鼠尾藻的养殖水体为海水，主要养殖模式为筏式养殖。

开发利用情况　鼠尾藻为本土种，是我国沿海常见的暖温带海藻。21世纪初期，开展海区人工养殖培育，种菜主要取自野生的藻体。

766.浒苔（*Ulva prolifera*）

俗名　无。

（刘涛　提供）

分类地位　植物界（Plantae）、绿藻门（Chlorophyta）、绿藻纲（Chlorophyceae）、石莼目（Ulvales）、石莼科（Ulvaceae）、石莼属（*Ulva*）。

地位作用　浒苔是我国藻类潜在养殖种。主要用途为食用。

养殖分布　浒苔主要在我国浙江等沿海地区养殖。

养殖模式　浒苔的养殖水体为海水，主要养殖模式为筏式养殖。

开发利用情况　浒苔为本土种，21世纪初期，解决了其人工苗种繁育技术和海区筏式养殖技术。全国共普查到1个繁育主体开展该资源的活体保种和/或苗种生产。

767.钝顶节旋藻（*Arthrospira platensis*）

俗名 螺旋藻。

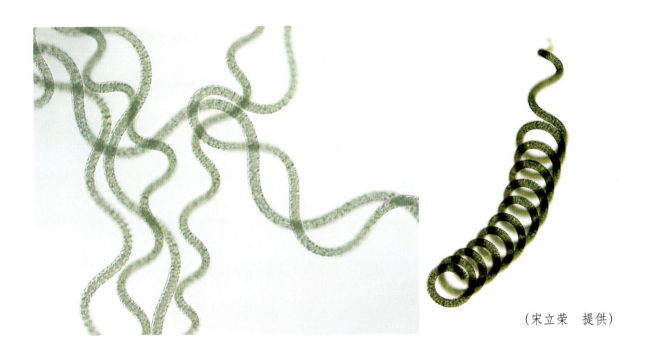

（宋立荣　提供）

分类地位 真细菌界（Eubacteria）、蓝藻门（Cyanobacteria）、蓝藻纲（Cyanophyceae）、颤藻目（Oscillatoriales）、微鞘藻科（Microcoleaceae）、节旋藻属（*Arthrospira*）。

地位作用 钝顶节旋藻是我国藻类潜在养殖种。主要用途为药用，食用。

养殖分布 钝顶节旋藻主要在我国华北、华东、西北、西南等地区养殖，包括内蒙古、江苏、浙江、福建、江西、广西、云南、宁夏等。

养殖模式 钝顶节旋藻的养殖水体为盐碱水，主要养殖模式为水泥池养殖。

开发利用情况 钝顶节旋藻为本土种，是20世纪70年代开发的种质资源，目前多采用无性二分裂繁殖进行养殖。全国共普查到5个繁育主体开展该资源的活体保种和/或苗种生产。

两栖爬行类

国家水产养殖
种质资源种类
名录（图文版）

◎ 下 册 ◎

两栖爬行类

768.中华鳖（*Pelodiscus sinensis*）

俗名 甲鱼、水鱼、团鱼、王八。

（李伟 提供）

分类地位 动物界（Animalia）、脊索动物门（Chordata）、爬行纲（Reptilia）、龟鳖目（Testudines）、鳖科（Trionychidae）、鳖属（*Pelodiscus*）。

地位作用 中华鳖是我国两栖爬行类主养种，在两栖爬行类中养殖产量最高。主要用途为食用、药用、观赏。

养殖分布 中华鳖主要在我国华东、华中、华南、西南、西北、华北等地区养殖，包括浙江、湖北、安徽、湖南、广东、江西、广西、江苏、山东、福建、四川、河南、河北、重庆、陕西、上海、天津、山西、海南、贵州、宁夏、内蒙古、云南、甘肃等。

养殖模式 中华鳖的养殖水体为淡水，主要养殖模式包括池塘养殖、工厂化养殖和稻田养殖等，主要为单养。

开发利用情况 中华鳖为本土种，是我国20年代中期开发的养殖种，在20世纪70年代解决了其人工苗种繁育技术。目前，国内已有清溪乌鳖、浙新花鳖、永章黄金鳖和中华鳖"珠水1号"等品种通过全国水产原种和良种审定委员会审定。全国共有930个繁育主体开展该资源的活体保种和/或苗种生产。

769. 中华鳖日本品系（*Pelodiscus sinensis*）

俗名 日本鳖。

（陈辰 提供）

分类地位 动物界（Animalia）、脊索动物门（Chordata）、爬行纲（Reptilia）、龟鳖目（Testudines）、鳖科（Trionychidae）、鳖属（*Pelodiscus*）。

地位作用 中华鳖日本品系是我国引进的两栖爬行类主养种。主要用途为食用、药用、观赏。

养殖分布 中华鳖日本品系主要在我国华东、华南、华中等地区养殖，包括河北、上海、江苏、浙江、安徽、福建、江西、河南、湖北、湖南、广东、广西、四川等。

养殖模式 中华鳖日本品系的养殖水体为人工可控的淡水水域，主要养殖模式包括池塘养殖、工厂化养殖和稻田养殖等，主要为单养。

开发利用情况 中华鳖日本品系为引进种，原产自日本，我国在1995年引进，21世纪初驯养成功并在全国推广。全国共普查到900个繁育主体开展该资源的活体保种和/或苗种生产。

770.清溪乌鳖（*Pelodiscus sinensis*）

俗名 乌鳖。

（陈辰 提供）

分类地位 动物界（Animalia）、脊索动物门（Chordata）、爬行纲（Reptilia）、龟鳖目（Testudines）、鳖科（Trionychidae）、鳖属（*Pelodiscus*）。

地位作用 清溪乌鳖是我国培育的第1个中华鳖品种，该品种全黑体色遗传稳定性达到100％；与中华鳖日本品系、太湖群体和台湾群体相比，肌肉中17种氨基酸含量平均提高1.9％、4.8％和15.6％，8种人体必需氨基酸含量平均提高6.7％、8.9％和19.4％，呈味氨基酸含量平均提高0.8％、2.6％和14.4％，DHA和EPA含量提高56.7％、58.1％和28.4％。主要用途为食用、药用、观赏。

养殖分布 清溪乌鳖主要在我国华东、华中、华南、西北等地区养殖，包括浙江、安徽、湖北、广东、陕西等。

养殖模式 清溪乌鳖的养殖水体为人工可控的淡水水域，主要养殖模式包括池塘养殖、工厂化养殖和稻田养殖等，主要为单养。

开发利用情况 清溪乌鳖为培育种，由浙江清溪鳖业有限公司和浙江省水产引种育种中心联合培育，2008年通过全国水产原种和良种审定委员会审定。全国共普查到5个繁育主体开展该资源的活体保种和/或苗种生产。

771.中华鳖"浙新花鳖"（*Pelodiscus sinensis*）

俗名 浙新花鳖。

分类地位 动物界（Animalia）、脊索动物门（Chordata）、爬行纲（Reptilia）、龟鳖目（Testudines）、鳖科（Trionychidae）、鳖属（*Pelodiscus*）。

地位作用 中华鳖"浙新花鳖"是我国培育的中华鳖品种，亲本来源为中华鳖日本品系♀×清溪乌鳖♂，主选性状为生长速度。在相同养殖条件下，同等规格的幼鳖经过16个月养殖，生长速度比中华鳖日本品系提高14.0%。主要用途为食用、药用、观赏。

养殖分布 中华鳖"浙新花鳖"主要在我国华东、华中、西南等地区养殖，包括江苏、浙江、安徽、江西、河南、广西、重庆、四川、云南、陕西等。

养殖模式 中华鳖"浙新花鳖"的养殖水体为人工可控的淡水水域，主要养殖模式包括池塘养殖、工厂化养殖和稻田养殖等，主要为单养。

开发利用情况 中华鳖"浙新花鳖"为培育种，由浙江省水产引种育种中心和浙江清溪鳖业有限公司联合培育，2015年通过全国水产原种和良种审定委员会审定。全国共普查到9个繁育主体开展该资源的活体保种和/或苗种生产。

772.中华鳖 "永章黄金鳖" (*Pelodiscus sinensis*)

俗名 黄金鳖。

分类地位 动物界（Animalia）、脊索动物门（Chordata）、爬行纲（Reptilia）、龟鳖目（Testudines）、鳖科（Trionychidae）、鳖属（*Pelodiscus*）。

地位作用 中华鳖 "永章黄金鳖" 是我国培育的中华鳖品种，主选性状为体色、生长速度。该品种鳖体金黄色个体占比93%以上，在相同养殖条件下，与普通的中华鳖相比，1龄鳖生长速度平均提高18.1%，2龄鳖生长速度平均提高23.3%。主要用途为食用、药用、观赏。

养殖分布 中华鳖 "永章黄金鳖" 主要在我国华北、华东、华中等地区养殖，包括河北、山西、浙江、湖北、广西、云南等。

养殖模式 中华鳖 "永章黄金鳖" 的养殖水体为人工可控的淡水水域，主要养殖模式包括池塘养殖、工厂化养殖和稻田养殖等，主要为单养。

开发利用情况 中华鳖 "永章黄金鳖" 为培育种，由保定市水产技术推广站、河北大学、阜平县景涛甲鱼养殖厂三家单位联合培育，于2018年通过全国水产原种和良种审定委员会审定。全国共普查到2个繁育主体开展该资源的活体保种和/或苗种生产。

775.角鳖（*Apalone spinifera*）

俗名 刺鳖、多疣鳖、棘鳖。

（陈辰　提供）

分类地位　动物界（Animalia）、脊索动物门（Chordata）、爬行纲（Reptilia）、龟鳖目（Testudines）、鳖科（Trionychidae）、滑鳖属（*Apalone*）。

地位作用　角鳖是我国引进的两栖爬行类潜在养殖种。列入《濒危野生动植物种国际贸易公约》（附录Ⅱ）。主要用途为保护、观赏、食用。

养殖分布　角鳖主要在我国华南等地区养殖，包括北京、广东、广西等。

养殖模式　角鳖的养殖水体为人工可控的淡水水域，主要养殖模式包括池塘养殖、工厂化养殖等，主要为单养。

开发利用情况　角鳖为引进种，原产自北美洲，2005年引进，2008年解决了其人工苗种繁育技术。全国共普查到3个繁育主体开展该资源的活体保种和/或苗种生产。

776.山瑞鳖（*Palea steindachneri*）

俗名 山瑞、瑞鱼。

（李伟 提供）

分类地位 动物界（Animalia）、脊索动物门（Chordata）、爬行纲（Reptilia）、龟鳖目（Testudines）、鳖科（Trionychidae）、山瑞鳖属（*Palea*）。

地位作用 山瑞鳖是我国两栖爬行类主养种。野外种群列入《国家重点保护野生动物名录》（二级）。主要用途为保护、观赏、食用。

养殖分布 山瑞鳖主要在我国华南、西南、华中等地区养殖，包括北京、浙江、福建、湖北、湖南、广东、广西、贵州、云南等。

养殖模式 山瑞鳖的养殖水体为淡水，主要养殖模式包括池塘养殖、庭院养殖等，主要为单养。

开发利用情况 山瑞鳖为本土种，20世纪70年代末解决了其人工苗种繁育技术。全国共普查到179个繁育主体开展该资源的活体保种和/或苗种生产。

777.砂鳖（*Pelodiscus axenaria*）

俗名 铁壳、灰壳。

（陈辰 提供）

分类地位 动物界（Animalia）、脊索动物门（Chordata）、爬行纲（Reptilia）、龟鳖目（Testudines）、鳖科（Trionychidae）、鳖属（*Pelodiscus*）。

地位作用 砂鳖是我国两栖爬行类珍稀保护种，列入《濒危野生动植物种国际贸易公约》（附录Ⅱ）。主要用途为保护、观赏。

养殖分布 砂鳖主要在我国华南、华中、华东等地区养殖，包括江苏、浙江、江西、湖南、广东、广西、四川等。

养殖模式 砂鳖的养殖水体为淡水，主要养殖模式包括池塘养殖、庭院养殖等，主要为单养。

开发利用情况 砂鳖为本土种，于1991年在我国发现并命名，随后解决了其人工苗种繁育技术。砂鳖体形通常较小，产业价值不高。全国共普查到2个繁育主体开展该资源的活体保种和/或苗种生产。

778. 乌龟（*Mauremys reevesii*）

俗名 中华草龟、金龟、草龟、泥龟、山龟。

（洪孝友 提供）

分类地位 动物界（Animalia）、脊索动物门（Chordata）、爬行纲（Reptilia）、龟鳖目（Testudines）、地龟科（Geoemydidae）、拟水龟属（*Mauremys*）。

地位作用 乌龟是我国两栖爬行类主养种。野外种群列入《国家重点保护野生动物名录》（二级）。在龟类中养殖产量排名第一。主要用途为保护、食用、观赏、药用。

养殖分布 乌龟主要在我国华东、华中、华南、西南等地区养殖，包括北京、河北、山西、上海、江苏、浙江、安徽、福建、江西、山东、河南、湖北、湖南、广东、广西、海南、重庆、四川、云南等。

养殖模式 乌龟的养殖水体为淡水，主要养殖模式包括池塘养殖、工厂化养殖等，主要为单养。

开发利用情况 乌龟为本土种。20世纪70～80年代，国内利用野生性成熟个体，开展了乌龟的人工繁殖与驯化，解决了其人工苗种繁育技术。全国共普查到232个繁育主体开展该资源的活体保种和/或苗种生产。

779.中华花龟（*Mauremys sinensis*）

俗名 台湾草龟、花龟、斑龟。

（龚世平　提供）

分类地位 动物界（Animalia）、脊索动物门（Chordata）、爬行纲（Reptilia）、龟鳖目（Testudines）、地龟科（Geoemydidae）、拟水龟属（*Mauremys*）。

地位作用 中华花龟是我国两栖爬行类主养种。野外种群列入《国家重点保护野生动物名录》（二级）。主要用途为保护、观赏、食用。

养殖分布 中华花龟主要在我国华东、华南、华中、西南等地区养殖，包括山西、上海、江苏、浙江、安徽、江西、河南、湖北、湖南、广东、广西、海南、四川、贵州等。

养殖模式 中华花龟的养殖水体为淡水，主要养殖模式包括池塘养殖、工厂化养殖等，主要为单养。

开发利用情况 中华花龟为本土种。我国自20世纪90年代初期开始发展花龟的人工养殖和繁育，已解决其人工苗种繁育技术。全国共普查到106个繁育主体开展该资源的活体保种和/或苗种生产。

780.黄喉拟水龟（*Mauremys mutica*）

俗名 石龟、石金钱龟、黄板龟。

（王亚坤 提供）

分类地位 动物界（Animalia）、脊索动物门（Chordata）、爬行纲（Reptilia）、龟鳖目（Testudines）、地龟科（Geoemydidae）、拟水龟属（*Mauremys*）。

地位作用 黄喉拟水龟是我国两栖爬行类主养种。野外种群列入《国家重点保护野生动物名录》（二级）。主要用途为保护、观赏、食用。

养殖分布 黄喉拟水龟主要在我国华南、华东、西南等地区养殖，包括北京、河北、山西、上海、江苏、浙江、安徽、福建、江西、山东、河南、湖北、湖南、广东、广西、海南、重庆、四川、贵州、云南等。

养殖模式 黄喉拟水龟的养殖水体为淡水，主要养殖模式包括池塘养殖、工厂化养殖等，主要为单养。

开发利用情况 黄喉拟水龟为本土种，20世纪80年代在华南地区开始人工养殖，90年代，解决了其人工苗种繁育技术。全国共普查到3 157个繁育主体开展该资源的活体保种和/或苗种生产。

781.巴西红耳龟（*Trachemys scripta elegans*）

俗名　巴西彩龟、红耳龟、翠龟、秀丽锦龟。

（陈辰　提供）

分类地位　动物界（Animalia）、脊索动物门（Chordata）、爬行纲（Reptilia）、龟鳖目
（Testudines）、泽龟科（Emydidae）、彩龟属（*Trachemys*）。

地位作用　巴西红耳龟是我国引进的两栖爬行类主养种。主要用途为食用、药用、观赏。

养殖分布　巴西红耳龟主要在我国华东、华南、华中等地区养殖，包括河北、山西、上海、
江苏、浙江、安徽、江西、河南、湖北、湖南、广东、广西、海南、重庆、四川、贵州等。

养殖模式　巴西红耳龟的养殖水体为人工可控的淡水水域，主要养殖模式包括池塘养殖、
工厂化养殖等，主要为单养。

开发利用情况　巴西红耳龟为引进种，原产自北美洲，20世纪80年代，通过中国香港进入
内地。全国共普查到153个繁育主体开展该资源的活体保种和/或苗种生产。

782.拟鳄龟（*Chelydra serpentina*）

俗名 小鳄龟、平背鳄龟、鳄龟、蛇龟、肉龟、鳄鱼龟。

（洪孝友 提供）

分类地位 动物界（Animalia）、脊索动物门（Chordata）、爬行纲（Reptilia）、龟鳖目（Testudines）、鳄龟科（Chelydridae）、拟鳄龟属（*Chelydra*）。

地位作用 拟鳄龟是我国引进的两栖爬行类主养种。主要用途为食用、药用、观赏。

养殖分布 拟鳄龟主要在我国华东、华南、华中等地区养殖，包括北京、上海、江苏、浙江、福建、江西、湖北、湖南、广东、广西、海南、四川等。

养殖模式 拟鳄龟的养殖水体为人工可控的淡水水域，主要养殖模式包括池塘养殖、工厂化养殖等，主要为单养。

开发利用情况 拟鳄龟为引进种，原产于北美洲，20世纪末我国将拟鳄龟作为观赏宠物龟而少量引进，已解决其人工苗种繁育技术。全国共普查到95个繁育主体开展该资源的活体保种和/或苗种生产。

783.大鳄龟（*Macroclemys temminckii*）

俗名　真鳄龟、鳄鱼咬龟、鳄甲龟、鳄龟。

（洪孝友　提供）

分类地位　动物界（Animalia）、脊索动物门（Chordata）、爬行纲（Reptilia）、龟鳖目（Testudines）、鳄龟科（Chelydridae）、真鳄龟属（*Macroclemys*）。

地位作用　大鳄龟是我国引进的两栖爬行类主养种。主要用途为食用、药用、观赏。

养殖分布　大鳄龟主要在我国华南、华东、华中等地区养殖，包括北京、河北、山西、江苏、浙江、江西、河南、湖北、湖南、广东、广西、四川、贵州、云南、甘肃等。

养殖模式　大鳄龟的养殖水体为人工可控的淡水水域，主要养殖模式包括池塘养殖、工厂化养殖等，主要为单养。

开发利用情况　大鳄龟为引进种，原产于北美洲，20世纪90年代从美国引进，已解决其人工苗种繁育技术。全国共普查到52个繁育主体开展该资源的活体保种和/或苗种生产。

784.黄缘闭壳龟（*Cuora flavomarginata*）

俗名 夹板龟、克蛇龟、断板龟、黄缘盒龟。

（洪孝友 提供）

分类地位 动物界（Animalia）、脊索动物门（Chordata）、爬行纲（Reptilia）、龟鳖目（Testudines）、地龟科（Geoemydidae）、闭壳龟属（*Cuora*）。

地位作用 黄缘闭壳龟是我国两栖爬行类观赏种。野外种群列入《国家重点保护野生动物名录》（二级）。主要用途为保护、观赏。

养殖分布 黄缘闭壳龟主要在我国华南、华东、华中等地区养殖，包括北京、山西、上海、江苏、浙江、安徽、福建、江西、山东、河南、湖北、湖南、广东、广西、海南、重庆、四川、贵州、云南等。

养殖模式 黄缘闭壳龟的养殖水体为淡水，主要养殖模式包括池塘养殖、庭院养殖等，主要为单养。

开发利用情况 黄缘闭壳龟为本土种，20世纪80年代末，就有把黄缘闭壳龟当作宠物饲养的案例。20世纪90年代中期，有少量养殖户开始尝试进行黄缘闭壳龟的养殖。21世纪以来，黄缘闭壳龟的养殖技术迅速提高，已解决其人工苗种繁育技术。全国共普查到864个繁育主体开展该资源的活体保种和/或苗种生产。

785. 三线闭壳龟（*Cuora trifasciata*）

俗名 金钱龟、金头龟、断板龟。

（洪孝友　提供）

分类地位　动物界（Animalia）、脊索动物门（Chordata）、爬行纲（Reptilia）、龟鳖目（Testudines）、地龟科（Geoemydidae）、闭壳龟属（*Cuora*）。

地位作用　三线闭壳龟是我国两栖爬行类观赏种。野外种群列入《国家重点保护野生动物名录》（二级）。主要用途为保护、观赏。

养殖分布　三线闭壳龟主要在我国华南、华中、西南等地区养殖，包括北京、江苏、浙江、安徽、福建、江西、河南、湖南、广东、广西、海南、重庆、贵州等。

养殖模式　三线闭壳龟的养殖水体为淡水，主要养殖模式包括池塘养殖、庭院养殖等，主要为单养。

开发利用情况　三线闭壳龟为本土种，人工养殖起源于20世纪60年代，于20世纪80年代末解决了其人工苗种繁育技术。全国共普查到1 062个繁育主体开展该资源的活体保种和/或苗种生产。

786.斑点星水龟（*Clemmys guttata*）

俗名 星点龟、斑点水龟、黄斑石龟。

（赵建 提供）

分类地位 动物界（Animalia）、脊索动物门（Chordata）、爬行纲（Reptilia）、龟鳖目（Testudines）、泽龟科（Emydidae）、水龟属（*Clemmys*）。

地位作用 斑点星水龟是我国引进的两栖爬行类观赏种。列入《濒危野生动植物种国际贸易公约》（附录Ⅱ）。主要用途为保护、观赏。

养殖分布 斑点星水龟主要在我国华南、华东等地区养殖，包括北京、山西、上海、江苏、浙江、安徽、山东、湖北、广东、广西、海南等。

养殖模式 斑点星水龟的养殖水体为人工可控的淡水水域，主要养殖模式包括池塘养殖、庭院养殖等，主要为单养。

开发利用情况 斑点星水龟为引进种，自然分布于北美洲五大湖及美国中部和东部地区，目前已解决其人工苗种繁育技术。全国共普查到45个繁育主体开展该资源的活体保种和/或苗种生产。

789.三棱潮龟（*Batagur dhongoka*）

俗名 三棱黑龟、三龙骨龟、三线棱背龟。

（乔轶伦 提供）

分类地位 动物界（Animalia）、脊索动物门（Chordata）、爬行纲（Reptilia）、龟鳖目（Testudines）、地龟科（Geoemydidae）、潮龟属（*Batagur*）。

地位作用 三棱潮龟是我国两栖爬行类观赏种。列入《濒危野生动植物种国际贸易公约》（附录Ⅱ）。主要用途为保护、观赏。

养殖分布 三棱潮龟主要在我国海南地区养殖。

养殖模式 三棱潮龟的养殖水体为人工可控的淡水水域，主要养殖模式包括庭院养殖、室内器皿养殖等，主要为单养。

开发利用情况 三棱潮龟为引进种，其在国内的现有数量不多，人工繁育也暂时没有成功的记录。全国共普查到5个繁育主体开展该资源的活体保种和/或苗种生产。

790.两爪鳖（*Carettochelys insculpta*）

俗名 猪鼻龟、飞河龟。

（李伟　提供）

分类地位 动物界（Animalia）、脊索动物门（Chordata）、爬行纲（Reptilia）、龟鳖目（Testudines）、两爪鳖科（Carettochelyidae）、两爪鳖属（*Carettochelys*）。

地位作用 两爪鳖是我国引进的两栖爬行类观赏种。列入《濒危野生动植物种国际贸易公约》（附录Ⅱ）。主要用途为保护、观赏。

养殖分布 两爪鳖主要在我国华南、华东地区养殖，包括北京、福建、广东、海南等。

养殖模式 两爪鳖的养殖水体为人工可控的淡水水域，主要养殖模式包括水泥池加吊网批量养殖、室内器皿单只或少量养殖，主要为单养。

开发利用情况 两爪鳖为引进种，原产于澳大利亚、巴布亚新几内亚和印度尼西亚，于20世纪末作为观赏龟引进，目前暂无规模化人工繁育的相关报道。全国共普查到3个繁育主体开展该资源的活体保种和/或苗种生产。

791.安布闭壳龟（*Cuora amboinensis*）

俗名 马来闭壳龟、东南亚箱龟、驼背龟。

(蔡俊玮 提供)

分类地位 动物界（Animalia）、脊索动物门（Chordata）、爬行纲（Reptilia）、龟鳖目（Testudines）、地龟科（Geoemydidae）、闭壳龟属（*Cuora*）。

地位作用 安布闭壳龟是我国两栖爬行类观赏种。野外种群列入《国家重点保护野生动物名录》（二级）。主要用途为保护、观赏。

养殖分布 安布闭壳龟主要在我国华南、西南等地区养殖，包括北京、江苏、浙江、福建、河南、湖北、广东、广西、海南、云南等。

养殖模式 安布闭壳龟的养殖水体为淡水，主要养殖模式包括池塘养殖、庭院养殖等，主要为单养。

开发利用情况 安布闭壳龟为本土种，目前野生安布闭壳龟的资源已日趋枯竭，国内已有单位开展了安布闭壳龟的人工驯养和繁育工作，但尚未解决其大规模人工苗种繁育技术。全国共普查到213个繁育主体开展该资源的活体保种和/或苗种生产。

792.金头闭壳龟（*Cuora aurocapitata*）

俗名 金龟、夹板龟、黄板龟。

（洪孝友　提供）

分类地位 动物界（Animalia）、脊索动物门（Chordata）、爬行纲（Reptilia）、龟鳖目（Testudines）、地龟科（Geoemydidae）、闭壳龟属（*Cuora*）。

地位作用 金头闭壳龟是我国两栖爬行类观赏种。野外种群列入《国家重点保护野生动物名录》（二级）。主要用途为保护、观赏。

养殖分布 金头闭壳龟主要在我国华东、华南、华中地区养殖，包括北京、江苏、浙江、安徽、山东、河南、湖北、广东、广西、海南等。

养殖模式 金头闭壳龟的养殖水体为淡水，主要养殖模式包括池塘养殖、庭院养殖等，主要为单养。

开发利用情况 金头闭壳龟为本土种，已初步解决其人工苗种繁育技术。全国共普查到23个繁育主体开展该资源的活体保种和/或苗种生产。

795.锯缘闭壳龟（*Cuora mouhotii*）

俗名 锯缘摄龟、八角龟、八棱龟、方龟、锯缘箱龟。

（龚世平 提供）

分类地位 动物界（Animalia）、脊索动物门（Chordata）、爬行纲（Reptilia）、龟鳖目（Testudines）、地龟科（Geoemydidae）、闭壳龟属（*Cuora*）。

地位作用 锯缘闭壳龟是我国两栖爬行类观赏种。野外种群列入《国家重点保护野生动物名录》（二级）。主要用途为保护、观赏。

养殖分布 锯缘闭壳龟主要在我国华南、华中等地区养殖，包括北京、山西、江苏、浙江、安徽、福建、江西、河南、湖南、广东、广西、海南等。

养殖模式 锯缘闭壳龟的养殖水体为淡水，主要养殖模式包括池塘养殖、庭院养殖等，主要为单养。

开发利用情况 锯缘闭壳龟为本土种，已初步解决其人工苗种繁育技术。目前该品种的人工养殖还处于初期探索阶段。全国共普查到50个繁育主体开展该资源的活体保种和/或苗种生产。

796. 潘氏闭壳龟 (*Cuora pani*)

两栖爬行类

俗名 美人龟、闭壳龟。

(陈江源　提供)

分类地位 动物界（Animalia）、脊索动物门（Chordata）、爬行纲（Reptilia）、龟鳖目（Testudines）、地龟科（Geoemydidae）、闭壳龟属（*Cuora*）。

地位作用 潘氏闭壳龟是我国两栖爬行类观赏种。野外种群列入《国家重点保护野生动物名录》（二级）。主要用途为保护、观赏。

养殖分布 潘氏闭壳龟主要在我国华中、华南等地区养殖，包括北京、山西、江苏、浙江、安徽、山东、河南、湖北、广西、海南等。

养殖模式 潘氏闭壳龟的养殖水体为淡水，主要养殖模式包括池塘养殖、庭院养殖等，主要为单养。

开发利用情况 潘氏闭壳龟为本土种。近年来，已有多家单位对该品种开展人工驯养和保护工作，初步解决了其人工苗种繁育技术。全国共普查到18个繁育主体开展该资源的活体保种和/或苗种生产。

797. 云南闭壳龟（*Cuora yunnanensis*）

俗名 云闭。

（饶定齐 提供）

分类地位 动物界（Animalia）、脊索动物门（Chordata）、爬行纲（Reptilia）、龟鳖目（Testudines）、地龟科（Geoemydidae）、闭壳龟属（*Cuora*）。

地位作用 云南闭壳龟是我国两栖爬行类珍稀保护种。野外种群列入《国家重点保护野生动物名录》（二级）。主要用途为保护、观赏。

养殖分布 云南闭壳龟主要在我国华北、华东、华南等地区养殖，包括北京、安徽、广西等。

养殖模式 云南闭壳龟的养殖水体为淡水，主要养殖模式包括池塘养殖、庭院养殖等，主要为单养。

开发利用情况 云南闭壳龟为本土种，是中国云南特有珍稀龟类动物，已初步解决其人工苗种繁育技术。全国共普查到2个繁育主体开展该资源的活体保种和/或苗种生产。

798.周氏闭壳龟（*Cuora zhoui*）

俗名 黑闭壳龟、黑龟。

（史海涛 提供）

分类地位 动物界（Animalia）、脊索动物门（Chordata）、爬行纲（Reptilia）、龟鳖目（Testudines）、地龟科（Geoemydidae）、闭壳龟属（*Cuora*）。

地位作用 周氏闭壳龟是我国两栖爬行类观赏种。野外种群列入《国家重点保护野生动物名录》（二级）。主要用途为保护、观赏。

养殖分布 周氏闭壳龟主要在我国华北、华南等地区养殖，包括北京、海南等。

养殖模式 周氏闭壳龟的养殖水体为淡水，主要养殖模式包括池塘养殖、庭院养殖等，主要为单养。

开发利用情况 周氏闭壳龟为本土种，20世纪90年代在广西发现并鉴定为新的龟种，已初步解决其人工苗种繁育技术。全国共普查到3个繁育主体开展该资源的活体保种和/或苗种生产。

799.齿缘摄龟（*Cyclemys dentata*）

俗名 齿缘龟、版纳摄龟、八角棱龟。

（朱新平　提供）

分类地位 动物界（Animalia）、脊索动物门（Chordata）、爬行纲（Reptilia）、龟鳖目（Testudines）、地龟科（Geoemydidae）、摄龟属（*Cyclemys*）。

地位作用 齿缘摄龟是我国两栖爬行类观赏种，列入《濒危野生动植物种国际贸易公约》（附录Ⅱ）。主要用途为保护、观赏。

养殖分布 齿缘摄龟主要在我国华南、西南等地区养殖，包括北京、湖南、广东、广西、云南等。

养殖模式 齿缘摄龟的养殖水体为淡水，主要养殖模式包括池塘养殖、庭院养殖等，主要为单养。

开发利用情况 齿缘摄龟为本土种，属于中国特有的珍稀龟类动物。目前已解决其人工苗种繁育技术和人工养殖技术。全国共普查到75个繁育主体开展该资源的活体保种和/或苗种生产。

800.欧氏摄龟（*Cyclemys oldhamii*）

俗名 无。

（龚世平 提供）

分类地位 动物界（Animalia）、脊索动物门（Chordata）、爬行纲（Reptilia）、龟鳖目（Testudines）、地龟科（Geoemydidae）、摄龟属（*Cyclemys*）。

地位作用 欧氏摄龟是我国两栖爬行类珍稀保护种，列入《国家重点保护野生动物名录》（二级）。主要用途为保护。

养殖分布 欧氏摄龟主要在我国华南等地区养殖，包括河南、广西等。

养殖模式 欧氏摄龟的养殖水体为淡水，主要养殖模式包括池塘养殖、庭院养殖等，主要为单养。

开发利用情况 欧氏摄龟为本土种，原产于东南亚，20世纪80年代引进。全国共普查到1个繁育主体开展该资源的活体保种和/或苗种生产。

801. 泥龟（*Dermatemys mawii*）

俗名 中美洲河龟、中美河龟。

（朱新平　提供）

分类地位　动物界（Animalia）、脊索动物门（Chordata）、爬行纲（Reptilia）、龟鳖目（Testudines）、泥龟科（Dermatemydidae）、泥龟属（*Dermatemys*）。

地位作用　泥龟是我国引进的两栖爬行类观赏种，列入《濒危野生动植物种国际贸易公约》（附录Ⅱ）。主要用途为保护、观赏。

养殖分布　泥龟主要在我国北京等地区养殖。

养殖模式　泥龟的养殖水体为人工可控的淡水水域，对环境和水质的要求比较高，主要养殖模式包括庭院养殖、室内器皿养殖等，主要为单养。

开发利用情况　泥龟为引进种，原产于中美洲的伯利兹、危地马拉、墨西哥等地的河流、泻湖和湿地。我国20世纪90年代到21世纪初从印度尼西亚引进。全国共普查到1个繁育主体开展该资源的活体保种和/或苗种生产。

802. 黑池龟（*Geoclemys hamiltonii*）

俗名 斑点池龟、哈米顿氏龟。

（李伟 提供）

分类地位 动物界（Animalia）、脊索动物门（Chordata）、爬行纲（Reptilia）、龟鳖目（Testudines）、地龟科（Geoemydidae）、池龟属（*Geoclemys*）。

地位作用 黑池龟是我国引进的两栖爬行类观赏种，列入《濒危野生动植物种国际贸易公约》（附录 I ）。主要用途为保护、观赏。

养殖分布 黑池龟主要在我国华南等地区养殖，包括北京、广东、广西、海南等。

养殖模式 黑池龟的养殖水体为人工可控的淡水水域，主要养殖模式包括庭院养殖、室内器皿养殖等，主要为单养。

开发利用情况 黑池龟为引进种，原产于南亚的孟加拉国、印度、尼泊尔、巴基斯坦等地，国内最早于21世纪初引进，随后解决了其人工苗种繁育技术。全国共普查到52个繁育主体开展该资源的活体保种和/或苗种生产。

803.地龟（*Geoemyda spengleri*）

俗名 灵芝龟、金龟、十二角龟、枫叶龟、黑胸叶龟、十二棱龟。

（龚世平　提供）

分类地位 动物界（Animalia）、脊索动物门（Chordata）、爬行纲（Reptilia）、龟鳖目（Testudines）、地龟科（Geoemydidae）、地龟属（*Geoemyda*）。

地位作用 地龟是我国两栖爬行类珍稀保护种，列入《国家重点保护野生动物名录》（二级）。主要用途为保护。

养殖分布 地龟主要在我国华中、华南等地区养殖，包括北京、江苏、浙江、江西、山东、湖北、湖南、广东、广西、海南等。

养殖模式 地龟的养殖水体为淡水，主要养殖模式包括池塘养殖、庭院养殖等，主要为单养。

开发利用情况 地龟为本土种，属于我国珍稀龟类动物。地龟属于小型龟类，环境适应性和生命力强，饲养技术较成熟，已解决其人工苗种繁育技术。全国共普查到17个繁育主体开展该资源的活体保种和/或苗种生产。

804. 木雕水龟（*Glyptemys insculpta*）

俗名 木雕水龟、木纹龟、森林水龟、森石龟。

（朱新平 提供）

分类地位 动物界（Animalia）、脊索动物门（Chordata）、爬行纲（Reptilia）、龟鳖目（Testudines）、泽龟科（Emydidae）、木雕龟属（*Glyptemys*）。

地位作用 木雕水龟是我国引进的两栖爬行类观赏种，列入《濒危野生动植物种国际贸易公约》（附录Ⅱ）。主要用途为保护、观赏。

养殖分布 木雕水龟主要在我国华南等地区养殖，包括北京、上海、江苏、安徽、福建、湖北、广东、广西、海南等。

养殖模式 木雕水龟的养殖水体为人工可控的淡水水域，主要养殖模式包括池塘养殖、庭院养殖等，主要为单养。

开发利用情况 木雕水龟为引进种，原产地为北美洲。我国的种质资源是从美国和加拿大引进，尚未解决其大规模苗种繁育技术和人工养殖技术。全国共普查到11个繁育主体开展该资源的活体保种和/或苗种生产。

805.伪地图龟（*Graptemys pseudogeographica*）

俗名 拟地图龟、平眉地图龟、粗眉地图龟。

(李伟 提供)

分类地位 动物界（Animalia）、脊索动物门（Chordata）、爬行纲（Reptilia）、龟鳖目（Testudines）、泽龟科（Emydidae）、地图龟属（*Graptemys*）。

地位作用 伪地图龟是我国引进的两栖爬行类观赏种。主要用途为观赏。

养殖分布 伪地图龟主要在我国华南、华东等地区养殖，包括上海、浙江、河南、湖北、广西、海南等。

养殖模式 伪地图龟的养殖水体为人工可控的淡水水域，主要养殖模式包括池塘养殖、庭院养殖等，主要为单养。

开发利用情况 伪地图龟为引进种，原产于北美洲。我国的种质资源是从美国引进，国内已有单位开展了伪地图龟的人工驯养和繁育工作。全国共普查到27个繁育主体开展该资源的活体保种和/或苗种生产。

806.庙龟（*Heosemys annandalii*）

俗名 庙龟、黄头龟、黄头庙龟。

（蔡俊玮 提供）

分类地位 动物界（Animalia）、脊索动物门（Chordata）、爬行纲（Reptilia）、龟鳖目（Testudines）、地龟科（Geoemydidae）、东方龟属（*Heosemys*）。

地位作用 庙龟是我国引进的两栖爬行类观赏种，列入《濒危野生动植物种国际贸易公约》（附录Ⅱ）。主要用途为保护、观赏。

养殖分布 庙龟主要在我国华南、华东等地区养殖，包括北京、浙江、安徽、江西、广东、广西、海南等。

养殖模式 庙龟的养殖水体为人工可控的淡水水域，主要养殖模式包括池塘养殖、庭院养殖等，主要为单养。

开发利用情况 庙龟为引进种，原产于柬埔寨、老挝、马来西亚、泰国、越南等东南亚热带地区。目前已解决其人工苗种繁育技术。全国共普查到22个繁育主体开展该资源的活体保种和/或苗种生产。

807.钻纹龟（*Malaclemys terrapin*）

俗名　菱斑龟、金刚背泥龟、泥龟。

（刘晓莉　提供）

分类地位　动物界（Animalia）、脊索动物门（Chordata）、爬行纲（Reptilia）、龟鳖目（Testudines）、泽龟科（Emydidae）、钻纹龟属（*Malaclemys*）。

地位作用　钻纹龟是我国引进的两栖爬行类观赏种，列入《濒危野生动植物种国际贸易公约》（附录Ⅱ）。主要用途为保护、观赏。

养殖分布　钻纹龟主要在我国华南、华东等地区养殖，包括北京、山西、上海、江苏、浙江、安徽、福建、湖北、广东、广西、海南等。

养殖模式　钻纹龟的养殖水体是人工可控的海水、半咸水、淡水水域，幼龟需要在含有一定盐度的水中生活，以避免出现甲壳软化的问题。主要养殖模式包括室内器皿养殖等，主要为单养。

开发利用情况　钻纹龟为引进种，原产于北美洲。我国的种质资源是从美国引进，一些养殖户开展了野生龟驯化和淡化摸索，成功在淡水养殖环境下人工繁殖子二代，解决了其人工苗种繁育技术。全国共普查到42个繁育主体开展该资源的活体保种和/或苗种生产。

808.日本拟水龟（*Mauremys japonica*）

俗名 日本石龟、日石龟。

（赵建 提供）

分类地位 动物界（Animalia）、脊索动物门（Chordata）、爬行纲（Reptilia）、龟鳖目（Testudines）、地龟科（Geoemydidae）、拟水龟属（*Mauremys*）。

地位作用 日本拟水龟是我国引进的两栖爬行类观赏种，列入《濒危野生动植物种国际贸易公约》（附录Ⅱ）。主要用途为保护、观赏。

养殖分布 日本拟水龟主要在我国华东、华南、华北等地区养殖，包括北京、河北、上海、江苏、浙江、安徽、江西、河南、湖北、广东、广西、海南等。

养殖模式 日本拟水龟的养殖水体为人工可控的淡水水域，主要养殖模式包括池塘养殖、庭院养殖等，主要为单养。

开发利用情况 日本拟水龟为引进种，从日本引进，目前已解决其人工苗种繁育技术。全国共普查到24个繁育主体开展该资源的活体保种和/或苗种生产。

809.大头乌龟（*Mauremys megalocephala*）

俗名 大头草龟、大头龟。

（沈伟良　提供）

分类地位　动物界（Animalia）、脊索动物门（Chordata）、爬行纲（Reptilia）、龟鳖目（Testudines）、地龟科（Geoemydidae）、拟水龟属（*Mauremys*）。

地位作用　大头乌龟是我国两栖爬行类观赏种，列入《濒危野生动植物种国际贸易公约》（附录Ⅲ）。主要用途为保护、观赏。

养殖分布　大头乌龟主要在我国广东等地区养殖。

养殖模式　大头乌龟的养殖水体为淡水，主要养殖模式包括池塘养殖、庭院养殖等，主要为单养。

开发利用情况　大头乌龟为本土种，属于中国特有的珍稀龟类动物。国内已有单位开展了大头乌龟的人工驯养和繁育工作。

810.黑颈乌龟（*Mauremys nigricans*）

俗名 广东草龟、黑点龟、黑颈水龟。

（纪利芹 提供）

分类地位 动物界（Animalia）、脊索动物门（Chordata）、爬行纲（Reptilia）、龟鳖目（Testudines）、地龟科（Geoemydidae）、拟水龟属（*Mauremys*）。

地位作用 黑颈乌龟是我国两栖爬行类观赏种。野外种群列入《国家重点保护野生动物名录》（二级）。主要用途为保护、观赏。

养殖分布 黑颈乌龟主要在我国华南、华中、西南等地区养殖，包括北京、江苏、浙江、安徽、江西、湖南、广东、广西、海南、贵州等。

养殖模式 黑颈乌龟的养殖水体为淡水，主要养殖模式包括池塘养殖、庭院养殖等，主要为单养。

开发利用情况 黑颈乌龟为本土种，属于中国特有的珍稀龟类动物，21世纪头十年解决了其人工苗种繁育技术。全国共普查到384个繁育主体开展该资源的活体保种和/或苗种生产。

811.黑山龟（*Melanochelys trijuga*）

俗名 印度龟、金边山龟、印度黑龟。

（乔轶伦 提供）

分类地位 动物界（Animalia）、脊索动物门（Chordata）、爬行纲（Reptilia）、龟鳖目（Testudines）、地龟科（Geoemydidae）、黑龟属（*Melanochelys*）。

地位作用 黑山龟是我国引进的两栖爬行类观赏种，列入《濒危野生动植物种国际贸易公约》（附录Ⅱ）。主要用途为保护、观赏。

养殖分布 黑山龟主要在我国北京等地区养殖。

养殖模式 黑山龟的养殖水体为人工可控的淡水水域，主要养殖模式包括庭院养殖、室内器皿养殖等，主要为单养。

开发利用情况 黑山龟为引进种，原产于南亚的孟加拉国、印度、斯里兰卡、尼泊尔和东南亚的缅甸、泰国等地。21世纪头十年初步解决了其人工苗种繁育技术。全国共普查到1个繁育主体开展该资源的活体保种和/或苗种生产。

812. 平胸龟（*Platysternon megacephalum*）

俗名 鹰嘴龟、大头平胸龟、鹰龟。

（刘晓莉 提供）

分类地位 动物界（Animalia）、脊索动物门（Chordata）、爬行纲（Reptilia）、龟鳖目（Testudines）、平胸龟科（Platysternidae）、平胸龟属（*Platysternon*）。

地位作用 平胸龟是我国两栖爬行类观赏种。野外种群列入《国家重点保护野生动物名录》（二级）。主要用途为保护、观赏。

养殖分布 平胸龟主要在我国华南、华东等地区养殖，包括北京、江苏、浙江、安徽、福建、江西、湖北、湖南、广东、广西、云南等。

养殖模式 平胸龟的养殖水体为淡水，主要养殖模式包括池塘养殖、庭院养殖等，主要为单养。

开发利用情况 平胸龟为本土种，属于我国珍稀龟类动物。21世纪头十年解决了其人工苗种繁育技术。全国共普查到38个繁育主体开展该资源的活体保种和/或苗种生产。

813.黄头侧颈龟（*Podocnemis unifilis*）

俗名 黄斑侧颈龟、黄纹侧颈龟。

（乔轶伦 提供）

分类地位 动物界（Animalia）、脊索动物门（Chordata）、爬行纲（Reptilia）、龟鳖目（Testudines）、南美侧颈龟科（Podocnemididae）、南美侧颈龟属（*Podocnemis*）。

地位作用 黄头侧颈龟是我国引进的两栖爬行类观赏种，列入《濒危野生动植物种国际贸易公约》（附录Ⅱ）。主要用途为保护、观赏。

养殖分布 黄头侧颈龟主要在我国华南等地区养殖，包括北京、广东、海南等。

养殖模式 黄头侧颈龟的养殖水体为人工可控的淡水水域，主要养殖模式包括室内器皿养殖等，主要为单养。

开发利用情况 黄头侧颈龟为引进种，由南美洲引进，目前已解决其人工苗种繁育技术。全国共普查到5个繁育主体开展该资源的活体保种和/或苗种生产。

814. 眼斑水龟（*Sacalia bealei*）

俗名 眼斑龟。

（龚世平 提供）

分类地位 动物界（Animalia）、脊索动物门（Chordata）、爬行纲（Reptilia）、龟鳖目（Testudines）、地龟科（Geoemydidae）、眼斑水龟属（*Sacalia*）。

地位作用 眼斑水龟是我国两栖爬行类观赏种。野外种群列入《国家重点保护野生动物名录》（二级）。主要用途为保护、观赏。

养殖分布 眼斑水龟主要在我国华南等地区养殖，包括北京、山西、江苏、浙江、安徽、福建、江西、河南、广东、广西、海南等。

养殖模式 眼斑水龟的养殖水体为淡水，主要养殖模式包括庭院养殖、室内器皿养殖等，主要为单养。

开发利用情况 眼斑水龟为本土种，属于我国珍稀龟类动物。养殖难度较大，尚未解决其人工苗种繁育技术。全国共普查到34个繁育主体开展该资源的活体保种和/或苗种生产。

815.四眼斑水龟（*Sacalia quadriocellata*）

俗名　六眼龟、四眼斑龟。

（龚世平　提供）

分类地位　动物界（Animalia）、脊索动物门（Chordata）、爬行纲（Reptilia）、龟鳖目（Testudines）、地龟科（Geoemydidae）、眼斑水龟属（*Sacalia*）。

地位作用　四眼斑水龟是我国两栖爬行类观赏种。野外种群列入《国家重点保护野生动物名录》（二级）。主要用途为保护、观赏。

养殖分布　四眼斑水龟主要在我国华南等地区养殖，包括北京、山西、江苏、浙江、安徽、福建、江西、湖北、湖南、广东、广西、海南等。

养殖模式　四眼斑水龟的养殖水体为淡水，主要养殖模式包括庭院养殖、室内器皿养殖等，主要为单养。

开发利用情况　四眼斑水龟为本土种，属于我国珍稀龟类动物。20世纪末，由浙江省海宁市的一位村民采用了自然繁殖的方式获得了子代。21世纪头十年解决了其人工苗种繁育技术。全国共普查到71个繁育主体开展该资源的活体保种和/或苗种生产。

816.粗颈龟（*Siebenrockiella crassicollis*）

俗名 沼泽龟、牛屎龟、白颊龟。

（李恒慧　提供）

分类地位 动物界（Animalia）、脊索动物门（Chordata）、爬行纲（Reptilia）、龟鳖目（Testudines）、地龟科（Geoemydidae）、粗颈龟属（*Siebenrockiella*）。

 地位作用 粗颈龟是我国引进的两栖爬行类观赏种，列入《濒危野生动植物种国际贸易公约》（附录Ⅱ）。主要用途为保护、观赏。

 养殖分布 粗颈龟主要在我国华南等地区养殖，包括北京、广东、广西、海南等。

 养殖模式 粗颈龟的养殖水体为人工可控的淡水水域，主要养殖模式包括庭院养殖、室内器皿养殖等，主要为单养。

 开发利用情况 粗颈龟为引进种，原产自东南亚等地。目前已解决其人工苗种繁育技术。全国共普查到10个繁育主体开展该资源的活体保种和/或苗种生产。

817.卡罗莱纳箱龟（*Terrapene carolina*）

俗名 东部箱龟。

（朱新平 提供）

分类地位 动物界（Animalia）、脊索动物门（Chordata）、爬行纲（Reptilia）、龟鳖目（Testudines）、泽龟科（Emydidae）、箱龟属（*Terrapene*）。

地位作用 卡罗莱纳箱龟是我国引进的两栖爬行类观赏种，列入《濒危野生动植物种国际贸易公约》（附录Ⅱ）。主要用途为保护、观赏。

养殖分布 卡罗莱纳箱龟主要在我国华南、华中等地区养殖，包括北京、山西、江苏、浙江、安徽、福建、江西、山东、河南、湖北、湖南、广东、广西、海南、云南等。

养殖模式 卡罗莱纳箱龟属于陆生龟类，但喜好栖息于人工可控的淡水水域附近，主要养殖模式包括室内器皿养殖等，主要为单养。

开发利用情况 卡罗莱纳箱龟为引进种，原产地为北美洲的美国及加拿大等地，共有多个亚种，目前已解决其人工苗种繁育技术。全国共普查到39个繁育主体开展该资源的活体保种和/或苗种生产。

818.黄腹滑龟（*Trachemys scripta scripta*）

俗名 黄耳龟。

（朱新平　提供）

分类地位 动物界（Animalia）、脊索动物门（Chordata）、爬行纲（Reptilia）、龟鳖目（Testudines）、泽龟科（Emydidae）、彩龟属（*Trachemys*）。

地位作用 黄腹滑龟是我国引进的两栖爬行类观赏种。主要用途为观赏。

养殖分布 黄腹滑龟主要在我国华东、华南等地区养殖，包括上海、浙江、江西、广西等。

养殖模式 黄腹滑龟的养殖水体为人工可控的淡水水域，主要养殖模式包括池塘养殖、庭院养殖等，主要为单养。

开发利用情况 黄腹滑龟为引进种，原产自北美密西西比河流域一带。20世纪90年代中期被我国引进，目前已解决其人工苗种繁育技术。全国共普查到6个繁育主体开展该资源的活体保种和/或苗种生产。

819.湾鳄（*Crocodylus porosus*）

俗名 海鳄、咸水鳄、呼雷、食人鳄、河口鳄、马来鳄、裸颈鳄。

（许金旺 提供）

分 类 地 位 动 物 界（Animalia）、脊 索 动 物 门（Chordata）、爬 行 纲（Reptilia）、鳄 目 （Crocodylia）、鳄科（Crocodylidae）、鳄属（*Crocodylus*）。

地位作用 湾鳄是我国引进的两栖爬行类区域特色养殖种，列入《濒危野生动植物种国际 贸易公约》（附录Ⅰ）。主要用途为食用、皮革、保护。

养殖分布 湾鳄主要在我国华南、西南等地区养殖，包括湖南、广东、广西、海南、云南 等。

养殖模式 湾鳄的养殖水体为人工可控的淡水、半咸水、海水水域，主要养殖模式包括池 塘养殖等，主要为单养。

开发利用情况 湾鳄为引进种，现主要分布于东南亚和澳大利亚。历史上，在我国南方曾 有分布，宋代以后绝迹。20世纪90年代从泰国引进，随后解决了其人工苗种繁育技术。全国共 普查到5个繁育主体开展该资源的活体保种和/或苗种生产。

820. 暹罗鳄（*Crocodylus siamensis*）

俗名 泰国鳄、暹罗淡水鳄。

（龚世平 提供）

分类地位 动物界（Animalia）、脊索动物门（Chordata）、爬行纲（Reptilia）、鳄目（Crocodylia）、鳄科（Crocodylidae）、鳄属（*Crocodylus*）。

地位作用 湾鳄是我国引进的两栖爬行类主养种，列入《濒危野生动植物种国际贸易公约》（附录Ⅰ）。主要用途为食用、皮革、观赏、保护。

养殖分布 暹罗鳄主要在我国华中、华东、华南、西南等地区养殖，包括北京、河北、江苏、浙江、安徽、福建、江西、山东、河南、湖北、湖南、广东、广西、海南、四川、贵州、云南、甘肃等。

养殖模式 暹罗鳄的养殖水体为人工可控的淡水、半咸水水域，主要养殖模式包括池塘养殖等，主要为单养。

开发利用情况 暹罗鳄为引进种，原产地主要分布于柬埔寨、泰国、老挝、越南等热带和亚热带地区。20世纪90年代，暹罗鳄开始被引进到我国，21世纪头十年解决了其人工苗种繁育技术。全国共普查到23个繁育主体开展该资源的活体保种和/或苗种生产。

821.牛蛙（*Rana catesbeiana*）

俗名　美国牛蛙。

（王凯　提供）

　　分类地位　动物界（Animalia）、脊索动物门（Chordata）、两栖纲（Amphibia）、无尾目（Anura）、蛙科（Ranidae）、蛙属（*Rana*）。

　　地位作用　牛蛙是我国引进的两栖爬行类主养种。主要用途为食用、药用。

　　养殖分布　牛蛙主要在我国华中、华南、华东、西南等地区养殖，包括河北、江苏、浙江、安徽、福建、江西、河南、湖北、湖南、广东、广西、海南、重庆、四川、贵州、云南、陕西、新疆生产建设兵团等。

　　养殖模式　牛蛙的养殖水体为人工可控的淡水水域，主要养殖模式包括池塘养殖、工厂化养殖等，主要为单养。

　　开发利用情况　牛蛙为引进种，原产于美国东部，20世纪50年代首次被我国引进。20世纪60年代解决了其人工苗种繁育技术。全国共普查到56个繁育主体开展该资源的活体保种和/或苗种生产。

822. 东北林蛙（*Rana dybowskii*）

俗名 雪蛤。

（施诺 提供）

分类地位 动物界（Animalia）、脊索动物门（Chordata）、两栖纲（Amphibia）、无尾目（Anura）、蛙科（Ranidae）、蛙属（*Rana*）。

地位作用 东北林蛙是两栖爬行类主养种。主要用途为食用、药用。

养殖分布 东北林蛙主要在我国东北、华东、华北、西南等地区养殖，包括山西、内蒙古、辽宁、吉林、黑龙江、山东、四川、贵州、云南等。

养殖模式 东北林蛙的养殖水体为淡水，主要养殖模式为半人工养殖，人工辅助越冬。

开发利用情况 东北林蛙为本土种。在20世纪30年代，吉林省开始尝试东北林蛙的人工养殖，随后解决了其人工苗种繁育技术。全国共普查到3 136个繁育主体开展该资源的活体保种和/或苗种生产。

823. 黑龙江林蛙 (*Rana amurensis*)

俗名 哈士蟆。

(车静 提供)

分类地位 动物界（Animalia）、脊索动物门（Chordata）、两栖纲（Amphibia）、无尾目（Anura）、蛙科（Ranidae）、蛙属（*Rana*）。

地位作用 黑龙江林蛙是两栖爬行类区域特色养殖种。主要用途为食用、药用。

养殖分布 黑龙江林蛙主要在我国华北、东北、华东等地区养殖，包括内蒙古、吉林、黑龙江、江西等。

养殖模式 黑龙江林蛙的养殖水体为淡水，主要养殖模式包括自然散放养殖、全人工养殖、增殖等。

开发利用情况 黑龙江林蛙为本土种。我国黑龙江林蛙的养殖历史起源于20世纪70年代，随后解决了其人工苗种繁育技术。全国共普查到57个繁育主体开展该资源的活体保种和/或苗种生产。

824. 中国林蛙（*Rana chensinensis*）

俗名 哈士蟆。

（丁利　提供）

分类地位 动物界（Animalia）、脊索动物门（Chordata）、两栖纲（Amphibia）、无尾目（Anura）、蛙科（Ranidae）、蛙属（*Rana*）。

地位作用 中国林蛙是两栖爬行类区域特色养殖种。主要用途为食用、药用。

养殖分布 中国林蛙主要在我国华东、东北等地区养殖，包括辽宁、吉林、江苏、江西、山东等。

养殖模式 中国林蛙的养殖水体为淡水，主要养殖模式包括围栏全人工养殖和日光温室全人工养殖等，主要为单养。

开发利用情况 中国林蛙为本土种。1949年以前中国林蛙人工养殖未有突破。自1975年开始，人工养殖林蛙取得初步成功，1987年后解决了其大规模人工苗种繁育技术。全国共普查到6个繁育主体开展该资源的活体保种和/或苗种生产。

829. 山溪鲵（*Batrachuperus pinchonii*）

俗名 羌活鱼、娃娃鱼、接骨丹、隆白、隆巴、杉木鱼、白龙、山辣子。

分类地位 动物界（Animalia）、脊索动物门（Chordata）、两栖纲（Amphibia）、有尾目（Caudata）、小鲵科（Hynobiidae）、山溪鲵属（*Batrachuperus*）。

地位作用 山溪鲵是我国两栖爬行类珍稀保护种，列入《国家重点保护野生动物名录》（二级）。主要用途为保护。

养殖分布 山溪鲵主要在我国华东、西北等地区养殖，包括江苏、四川、甘肃等。

养殖模式 山溪鲵的养殖水体为淡水，主要养殖模式包括沟养法养殖、池养法养殖和生态养殖等，主要为单养。

开发利用情况 山溪鲵为本土种。2014年山溪鲵实现人工养殖，2017年解决了其人工苗种繁育技术。全国共普查到2个繁育主体开展该资源的活体保种和/或苗种生产。

棘 皮 类

国家水产养殖
种质资源种类
名录（图文版）

◎ 下 册 ◎

830.刺参（*Apostichopus japonicus*）

俗名 海参。

（张伟杰　提供）

分类地位 动物界（Animalia）、棘皮动物门（Echinodermata）、海参纲（Holothuroidea）、楯手目（Synallactida）、刺参科（Stichopodidae）、仿刺参属（*Apostichopus*）。

地位作用 刺参是我国棘皮类主养种，在棘皮类中养殖产量最大。主要用途为食用等。

养殖分布 刺参主要在我国黄渤海、东海等沿海地区养殖，包括山东、辽宁、福建、河北、浙江、江苏等。

养殖模式 刺参的养殖水体为海水，主要养殖模式包括池塘养殖、筏式养殖、围堰养殖、网箱养殖等，主要为单养，池塘养殖时可与日本囊对虾、中国对虾等混养。

开发利用情况 刺参为本土种，是我国20世纪开发的养殖种。20世纪50年代解决了其人工苗种繁育技术。已有"水院1号""崆峒岛1号""安源1号""东科1号""参优1号""鲁海1号"等品种通过全国水产原种和良种审定委员会审定。全国共普查到336个繁育主体开展该资源的活体保种和/或苗种生产。

831.刺参"水院1号"
(*Apostichopus japonicus*)

俗名　水院1号。

（常亚青　提供）

分类地位　动物界（Animalia）、棘皮动物门（Echinodermata）、海参纲（Holothuroidea）、楯手目（Synallactida）、刺参科（Stichopodidae）、仿刺参属（*Apostichopus*）。

地位作用　刺参"水院1号"是我国培育的第一个刺参品种，主选性状是刺数、生长速度和出皮率，在相同的养殖条件下，与未经选育的刺参相比，刺数提高40%，体重生长速度提高30%以上，出皮率提高10%以上。主要用途为食用等。

养殖分布　刺参"水院1号"主要在我国黄渤海等沿海地区养殖，包括辽宁、山东、河北、福建等。

养殖模式　刺参"水院1号"的养殖水体为人工可控的海水水域，主要养殖模式包括池塘养殖、筏式养殖、围堰养殖、网箱养殖等，主要为单养，池塘养殖时可与日本囊对虾、中国对虾等混养等。

开发利用情况　刺参"水院1号"为培育种，由大连水产学院、大连力源水产有限公司、大连太平洋海珍品有限公司联合培育，2009年通过全国水产原种和良种审定委员会审定。全国共普查到4个繁育主体开展该资源的活体保种和/或苗种生产。

832.刺参"崆峒岛1号"
（*Apostichopus japonicus*）

俗名 崆峒岛1号。

（孙国华 提供）

分类地位 动物界（Animalia）、棘皮动物门（Echinodermata）、海参纲（Holothuroidea）、楯手目（Synallactida）、刺参科（Stichopodidae）、仿刺参属（*Apostichopus*）。

地位作用 刺参"崆峒岛1号"是我国培育的刺参品种，主选性状为生长速度。在相同的养殖条件下，与未经选育的刺参相比，26月龄参体重提高190%以上。主要用途为食用等。

养殖分布 刺参"崆峒岛1号"主要在我国山东等沿海地区养殖。

养殖模式 刺参"崆峒岛1号"的养殖水体为人工可控的海水水域，主要养殖模式包括池塘养殖、筏式养殖、围堰养殖、网箱养殖等，主要为单养，池塘养殖时可与日本囊对虾、中国对虾等混养。

开发利用情况 刺参"崆峒岛1号"为培育种，由山东省海洋资源与环境研究院、烟台市崆峒岛实业有限公司、烟台市芝罘区渔业技术推广站、好当家集团有限公司联合培育，2014年通过全国水产原种和良种审定委员会审定。全国共普查到2个繁育主体开展该资源的活体保种和/或苗种生产。

833.刺参"安源1号"
(*Apostichopus japonicus*)

俗名 安源1号。

（赵庶杰　提供）

分类地位 动物界（Animalia）、棘皮动物门（Echinodermata）、海参纲（Holothuroidea）、楯手目（Synallactida）、刺参科（Stichopodidae）、仿刺参属（*Apostichopus*）。

地位作用 刺参"安源1号"是我国培育的刺参品种，主选性状为刺数和生长速度，在相同的养殖条件下，与刺参"水院1号"相比，24月龄参体重平均提高10.2%，刺数平均提高12.8%。主要用途为食用等。

养殖分布 刺参"安源1号"主要在我国黄渤海、东海等沿海地区养殖，包括辽宁、山东、河北、福建等。

养殖模式 刺参"安源1号"的养殖水体为人工可控的海水水域，主要养殖模式包括池塘养殖、筏式养殖、围堰养殖、网箱养殖等，主要为单养，池塘养殖时可与日本囊对虾、中国对虾混养等。

开发利用情况 刺参"安源1号"为培育种，由山东安源水产股份有限公司、大连海洋大学联合培育，2017年通过全国水产原种和良种审定委员会审定。全国共普查到11个繁育主体开展该资源的活体保种和/或苗种生产。

834.刺参"东科1号"
（*Apostichopus japonicus*）

俗名 东科1号。

分类地位 动物界（Animalia）、棘皮动物门（Echinodermata）、海参纲（Holothuroidea）、楯手目（Synallactida）、刺参科（Stichopodidae）、仿刺参属（*Apostichopus*）。

地位作用 刺参"东科1号"是我国培育的刺参品种，主选性状为生长速度和度夏成活率。在相同的养殖条件下，与未经选育的刺参相比，24月龄参体重提高23.2%，度夏成活率提高13.6%。主要用途为食用等。

养殖分布 刺参"东科1号"主要在我国黄渤海、东海等沿海地区养殖，包括山东、河北、辽宁、福建等。

养殖模式 刺参"东科1号"的养殖水体为人工可控的海水水域，主要养殖模式包括池塘养殖、筏式养殖、围堰养殖、网箱养殖等，主要为单养，池塘养殖时可与日本囊对虾、中国对虾混养等。

开发利用情况 刺参"东科1号"为培育种，由中国科学院海洋研究所、山东东方海洋科技股份有限公司联合培育，2017年通过全国水产原种和良种审定委员会审定。全国共普查到8个繁育主体开展该资源的活体保种和/或苗种生产。

835.刺参"参优1号"
（*Apostichopus japonicus*）

俗名 参优1号。

（廖梅杰 提供）

分类地位 动物界（Animalia）、棘皮动物门（Echinodermata）、海参纲（Holothuroidea）、楯手目（Synallactida）、刺参科（Stichopodidae）、仿刺参属（*Apostichopus*）。

地位作用 刺参"参优1号"是我国培育的刺参品种，主选性状为生长速度和抗病性。在相同的养殖条件下，与未经选育的刺参相比，6月龄参体重平均提高26.5%，抗灿烂弧菌侵染力平均提高11.7%，成活率平均提高23.5%。主要用途为食用等。

养殖分布 刺参"参优1号"主要在我国黄渤海、东海等沿海地区养殖，包括山东、河北、辽宁、福建等。

养殖模式 刺参"参优1号"的养殖水体为人工可控的海水水域，主要养殖模式包括池塘养殖、筏式养殖、围堰养殖、网箱养殖等，主要为单养，池塘养殖时可与日本囊对虾、中国对虾混养等。

开发利用情况 刺参"参优1号"为培育种，由中国水产科学研究院黄海水产研究所、青岛瑞滋海珍品发展有限公司联合培育，2017年通过全国水产原种和良种审定委员会审定。全国共普查到4个繁育主体开展该资源的活体保种和/或苗种生产。

836.刺参"鲁海1号"
（*Apostichopus japonicus*）

俗名 鲁海1号。

    分类地位 动物界（Animalia）、棘皮动物门（Echinodermata）、海参纲（Holothuroidea）、楯手目（Synallactida）、刺参科（Stichopodidae）、仿刺参属（*Apostichopus*）。

    地位作用 刺参"鲁海1号"是我国培育的刺参品种，主选性状为生长速度和成活率，在相同的养殖条件下，与未经选育的刺参相比，24月龄参体重平均提高24.8%，成活率平均提高23.5%。主要用途为食用。

    养殖分布 刺参"鲁海1号"主要在我国黄渤海等地区养殖，包括河北、福建、山东等。

    养殖模式 刺参"鲁海1号"的养殖水体为人工可控的海水水域，主要养殖模式包括池塘养殖、筏式养殖、围堰养殖、网箱养殖等，主要为单养，池塘养殖时可与日本囊对虾、中国对虾混养等。

    开发利用情况 刺参"鲁海1号"为培育种，由山东省海洋生物研究院、好当家集团有限公司联合培育，2018年通过全国水产原种和良种审定委员会审定。全国共普查到5个繁育主体开展该资源的活体保种和/或苗种生产。

837.糙海参（*Holothuria scabra*）

俗名 沙参、明玉参。

（秦传新　提供）

分类地位　动物界（Animalia）、棘皮动物门（Echinodermata）、海参纲（Holothuroidea）、楯手目（Synallactida）、海参科（Holothuriidae）、海参属（*Holothuria*）。

地位作用　糙海参是我国棘皮类潜在养殖种。主要用途为食用。

养殖分布　糙海参主要在我国华东、华南等沿海地区养殖，包括福建、广东、广西等。

养殖模式　糙海参的养殖水体为海水，主要养殖模式包括池塘养殖，围堰养殖，浅海滩涂放养，深海底播增殖等，可单养，也可以与对虾、鲍等混养。

开发利用情况　糙海参为本土种，自然分布于我国南海区域。20世纪80年代开始研究糙海参的人工育苗技术，2010年解决了该品种的人工苗种繁育技术。全国共普查到1个繁育主体开展该资源的活体保种和/或苗种生产。

838.花刺参（*Stichopus horrens*）

俗名 小疣刺参、方参、黄肉参、白参。

（任春华 提供）

分类地位 动物界（Animalia）、棘皮动物门（Echinodermata）、海参纲（Holothuroidea）、楯手目（Synallactida）、刺参科（Stichopodidae）、刺参属（*Stichopus*）。

地位作用 花刺参是我国棘皮类潜在养殖种。主要用途为食用。

养殖分布 花刺参主要在我国海南等沿海地区养殖。

养殖模式 花刺参的养殖水体为海水，主要养殖模式包括工厂化养殖和池塘养殖。

开发利用情况 花刺参为本土种，是南海最重要和最优质的食用海参之一，2006年解决了其人工苗种繁育技术。

839.紫海胆（*Heliocidaris crassispina*）

俗名 南紫海胆。

（方增冰 提供）

分类地位 动物界（Animalia）、棘皮动物门（Echinodermata）、海胆纲（Echinoidea）、拱齿目（Camarodonta）、长海胆科（Echinometridae）、紫海胆属（*Heliocidaris*）。

地位作用 紫海胆是我国棘皮类区域特色种。主要用途为食用。

养殖分布 紫海胆主要在我国东海、南海等沿海地区养殖，包括辽宁、福建、山东、广东等。

养殖模式 紫海胆的养殖水体为海水，主要养殖模式为底播增殖。

开发利用情况 紫海胆为本土种，是我国开发的养殖种。1999年解决了其人工苗种繁育技术。全国共普查到1个繁育主体开展该资源的活体保种和/或苗种生产。

840.光棘球海胆（*Mesocentrotus nudus*）

俗名 紫海胆、北紫海胆。

（张伟杰 提供）

分类地位 动物界（Animalia）、棘皮动物门（Echinodermata）、海胆纲（Echinoidea）、拱齿目（Camarodonta）、球海胆科（Strongylocentrotidae）、*Mesocentrotus* 属。

地位作用 光棘球海胆是我国棘皮类主养种。主要用途为食用。

养殖分布 光棘球海胆主要在我国黄渤海等沿海地区养殖，包括山东、辽宁等。

养殖模式 光棘球海胆的养殖水体为海水，主要养殖模式包括底播增殖、筏式养殖。

开发利用情况 光棘球海胆为本土种，是我国开发的养殖种。1981年解决了其人工苗种繁育技术。全国共普查到4个繁育主体开展该资源的活体保种和/或苗种生产。

841. 中间球海胆
(*Strongylocentrotus intermedius*)

俗名　虾夷马粪海胆。

（张伟杰　提供）

分类地位　动物界（Animalia）、棘皮动物门（Echinodermata）、海胆纲（Echinoidea）、拱齿目（Camarodonta）、球海胆科（Strongylocentrotidae）、球海胆属（*Strongylocentrotus*）。

地位作用　中间球海胆是我国引进的棘皮类主养种。主要用途为食用。

养殖分布　中间球海胆主要在我国黄渤海、东海等沿海地区养殖，包括辽宁、福建、山东等。

养殖模式　中间球海胆的养殖水体为人工可控的海水水域，主要养殖模式包括筏式养殖、底播增殖。

开发利用情况　中间球海胆为引进种，1989年由大连水产学院(今大连海洋大学)从日本北海道引进，1993年解决了其人工苗种繁育技术。已有"大金"等品种通过全国水产原种和良种审定委员会审定。全国共普查到4个繁育主体开展该资源的活体保种和/或苗种生产。

842. 中间球海胆"大金"
（*Strongylocentrotus intermedius*）

俗名 大金。

（张伟杰　提供）

　　分类地位 动物界（Animalia）、棘皮动物门（Echinodermata）、海胆纲（Echinoidea）、拱齿目（Camarodonta）、球海胆科（Strongylocentrotidae）、球海胆属（*Strongylocentrotus*）。

　　地位作用 中间球海胆"大金"是我国培育的海胆品种，主选性状为生长速度和性腺颜色，在相同的养殖条件下，与未经选育群体相比，19月龄胆体重和壳径分别提高31.7%和10.4%，生殖腺饱满，色泽金黄。主要用途为食用。

　　养殖分布 中间球海胆"大金"主要在我国辽宁等沿海地区养殖。

　　养殖模式 中间球海胆"大金"的养殖水体为人工可控的海水水域，主要养殖模式包括筏式养殖、网箱养殖、工厂化养殖。

　　开发利用情况 中间球海胆"大金"为培育种，由大连海洋大学、大连海宝渔业有限公司联合培育，2014年通过全国水产原种和良种审定委员会审定。全国共普查到2个繁育主体开展该资源的活体保种和/或苗种生产。

843. 海刺猬（*Glyptocidaris crenularis*）

俗名 黄海胆。

（张伟杰　提供）

分类地位　动物界（Animalia）、棘皮动物门（Echinodermata）、海胆纲（Echinoidea）、口鳃海胆目（Stomopneustoida）、海刺猬科（Glyptocidaridae）、海刺猬属（*Glyptocidaris*）。

地位作用　海刺猬是我国棘皮类潜在养殖种。主要用途为食用。

养殖分布　海刺猬主要在我国广东等沿海地区养殖。

养殖模式　海刺猬的养殖水体为海水，主要养殖模式为底播增殖。

开发利用情况　海刺猬为本土种，自然资源丰富，早期我国几乎没有开展海刺猬的人工养殖。近年来，我国逐渐开展了海刺猬的人工养殖生产。

其他类

国家水产养殖
种质资源种类
名录（图文版）

◎ 下 册 ◎

其他类

国家水产养殖种质资源种类名录（图文版）（下册）

844. 海蜇（*Rhopilema esculentum*）

俗名 绵蜇、赤月、石镜、水母。

（李云峰　提供）

分类地位 动物界（Animalia）、刺胞动物门（Cnidaria）、钵水母纲（Scyphozoa）、根口水母目（Rhizostomeae）、根口水母科（Rhizostomatidae）、海蜇属（*Rhopilema*）。

地位作用 海蜇是我国其他类主养种。主要用途为食用。

养殖分布 海蜇主要在我国黄渤海、东海等沿海地区养殖，包括辽宁、江苏、浙江、山东等。

养殖模式 海蜇的养殖水体为海水，主要养殖模式包括池塘养殖等，主要与牙鲆、中国对虾、缢蛏等混养，也可单养。

开发利用情况 海蜇为本土种，是我国开发的养殖种，20世纪80～90年代解决了其人工苗种繁育和池塘养殖技术。全国共普查到25个繁育主体开展该资源的活体保种和/或苗种生产。

845.单环刺螠（*Urechis unicinctus*）

俗名 海肠、海鸡子。

（杨大佐 提供）

分类地位 动物界（Animalia）、螠虫动物门（Echiurioidea）、螠纲（Echiurida）、无管螠目（Xenopneusta）、刺螠科（Urechidae）、刺螠属（*Urechis*）。

地位作用 单环刺螠是我国其他类主养养殖种，主要用途是食用。

养殖分布 单环刺螠在我国黄渤海等地区养殖，包括河北、辽宁、山东等。

养殖模式 单环刺螠的养殖水体为海水，主要养殖模式包括滩涂养殖、池塘养殖等，主要为混养。

开发利用情况 单环刺螠为本土种，自然分布于我国黄、渤海沿岸，21世纪初解决了其人工苗种繁育技术。全国共普查到6个繁育主体开展该资源的活体保种和/或苗种生产。

846.双齿围沙蚕（*Perinereis aibuhitensis*）

俗名 海蜈蚣、海蚂蝗、沙蛆、沙蚕等。

（王亚瑜　提供）

分类地位 动物界（Animalia）、环节动物门（Annelida）、多毛纲（Polychaeta）、叶须虫目（Phyllodocida）、沙蚕科（Nereididae）、围沙蚕属（*Perinereis*）。

地位作用 双齿围沙蚕是我国其他类主养种。主要用途为饵料、食用。

养殖分布 双齿围沙蚕主要在我国黄渤海、东海等沿海地区养殖，包括辽宁、江苏、浙江、福建、广东、广西等。

养殖模式 双齿围沙蚕养殖水体为海水。主要养殖模式包括工厂化养殖、池塘养殖和滩涂增殖。

开发利用情况 双齿围沙蚕为本土种，20世纪90年代起开发为养殖种，已解决其人工苗种繁育技术和滩涂增殖技术。全国共普查到10个繁育主体开展该资源的活体保种和/或苗种生产。

847. 疣吻沙蚕（*Tylorrhynchus heterochetus*）

俗名　禾虫、流蜞等。

（韦舒健　提供）

分类地位　动物界（Animalia）、环节动物门（Annelida）、多毛纲（Polychaeta）、叶须虫目（Phyllodocida）、沙蚕科（Nereididae）、疣吻沙蚕属（*Tylorrhynchus*）。

地位作用　疣吻沙蚕是我国其他类主养种。主要用途为食用、药用、饲料。

养殖分布　疣吻沙蚕主要在我国东海、南海等沿海地区养殖，包括福建、广东、广西等。

养殖模式　疣吻沙蚕养殖水体为半咸水、海水，主要养殖模式包括疣吻沙蚕－水稻生态复合种养、滩涂养殖和池塘养殖等。

开发利用情况　疣吻沙蚕为本土种，已解决其人工苗种繁育技术和规模化养殖技术。全国共普查到1个繁育主体开展该资源的活体保种和/或苗种生产。

848. 可口革囊星虫（*Phascolosoma esculenta*）

俗名　海泥虫、海丁、海蚂蝗、泥丁、土笋等。

（方增冰　提供）

分类地位　动物界（Animalia）、星虫动物门（Sipuncula）、革囊星虫纲（Phascolosomatidea）、革囊星虫目（Phascoloso-maliformes）、革囊星虫科（Phascolosomatidae）、革囊星虫属（*Phascolosoma*）。

地位作用　可口革囊星虫是我国其他类主养种。主要用途为食用。

养殖分布　可口革囊星虫主要在我国南海、东海等沿海地区养殖，包括浙江、福建、广东、广西等。

养殖模式　可口革囊星虫的养殖水体为海水，养殖模式包括池塘养殖、滩涂养殖等。

开发利用情况　可口革囊星虫为本土种，21世纪初利用陆基池塘养殖技术开展人工繁育，开发为养殖种，已初步解决其人工苗种繁育技术。

849.裸体方格星虫（*Sipunculus nudus*）

俗名 沙虫、海肠子、光裸星虫、方格星虫。

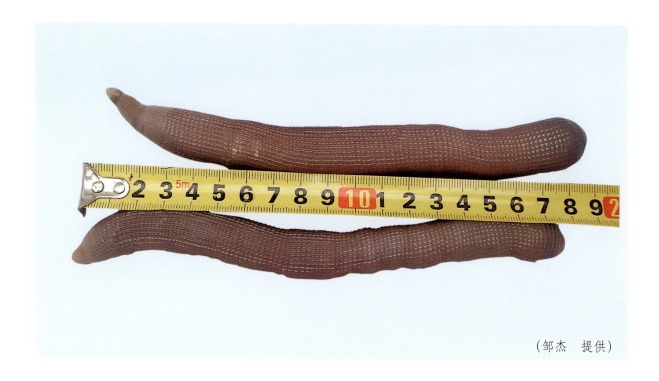

（邹杰 提供）

分类地位 动物界（Animalia）、星虫动物门（Sipuncula）、方格星虫纲（Sipunculidea）、方格星虫目（Sipuncula）、方格星虫科（Sipunculidae）、方格星虫属（*Sipunculus*）。

地位作用 裸体方格星虫是我国其他类主养种。主要用途为食用。

养殖分布 裸体方格星虫主要在我国南海、东海等沿海地区养殖，包括福建、广东、广西等。

养殖模式 裸体方格星虫养殖水体为海水，主要养殖模式包括池塘养殖、滩涂养殖等。

开发利用情况 裸体方格星虫为本土种，裸体方格星虫是本世纪初开发的养殖种，已解决其人工苗种繁育技术。全国共普查到3个繁育主体开展该资源的活体保种和/或苗种生产。

850. 日本医蛭（*Hirudo nippnica*）

俗名 日本医水蛭、马鳖、线蚂蝗、稻田医蛭。

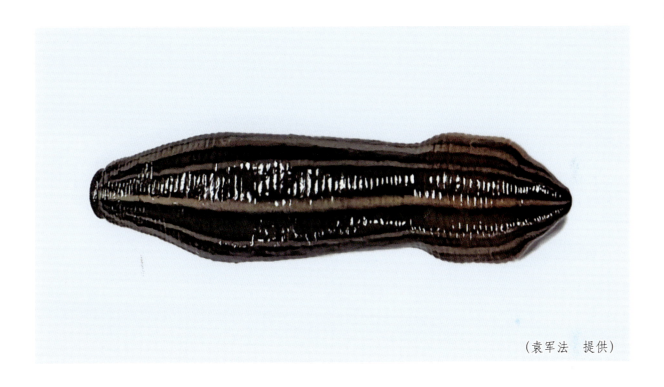

（袁军法 提供）

分类地位 动物界（Animalia）、环节动物门（Annelida）、蛭纲（Hirudinea）、无吻蛭目（Arhynchobdellida）、医蛭科（Hirudinidae）、医蛭属（*Hirudo*）。

地位作用 日本医蛭是我国其他类的药用种，被录入《中华人民共和国药典》。主要用途为药用。

养殖分布 日本医蛭主要在我国华东、华中、华南等地区养殖，包括江苏、浙江、安徽、山东、湖北、湖南、广西等。

养殖模式 日本医蛭的养殖水体为淡水，主要养殖模式包括传统池塘养殖和工厂化养殖。

开发利用情况 日本医蛭为本土种，是90年代以后开发的养殖种类，目前该资源尚处于规模化养殖开发阶段。全国共普查到2个繁育主体开展该资源的活体保种和/或苗种生产。

851.菲牛蛭（*Poecilobdella manillensis*）

俗名 马尼拟医蛭、金边蚂蟥。

（潘红平 提供）

分类地位 动物界（Animalia）、环节动物门（Annelida）、蛭纲（Hirudinea）、无吻蛭目（Arhynchobdellida）、医蛭科（Hirudinidae）、牛蛭属（*Poecilobdella*）。

地位作用 菲牛蛭是我国其他类的药用种，其分泌的天然水蛭素对治疗心脑血管疾病尤其是脑卒中等有较好的疗效。主要用途为药用。

养殖分布 菲牛蛭主要在我国华东、华中、华南、西南等地区养殖，包括江苏、安徽、湖北、湖南、广东、广西、云南等。

养殖模式 菲牛蛭的养殖水体为淡水，主要养殖模式包括室内箱体养殖、水泥池微流水养殖等。

开发利用情况 菲牛蛭为本土种，是90年代以后开发的养殖种类，目前该资源尚处于规模化养殖开发阶段。全国共普查到7个繁育主体开展该资源的活体保种和/或苗种生产。

852.宽体金线蛭（*Whitmania pigra*）

俗名 宽身蚂蟥、马蛭、宽身金线蛭。

（袁军法　提供）

分类地位 动物界（Animalia）、环节动物门（Annelida）、蛭纲（Hirudinea）、无吻蛭目（Arhynchobdellida）、黄蛭科（Haemopidae）、金线蛭属（*Whitmania*）。

　地位作用 宽体金线蛭是我国其他类的药用种，《中华人民共和国药典》收录宽体金线蛭的干燥全体可入药。主要用途为药用。

　养殖分布 宽体金线蛭主要在我国华北、东北、华东、华中、西南等地区养殖，包括河北、辽宁、黑龙江、江苏、浙江、安徽、江西、山东、河南、湖北、湖南、重庆、四川、陕西等。

　养殖模式 宽体金线蛭的养殖水体为淡水，主要养殖模式包括水泥池养殖、池塘网箱养殖和陆基微流水养殖。

　开发利用情况 宽体金线蛭为本土种，21世纪10年代初步解决了其人工苗种繁育技术。全国共普查到30个繁育主体开展该资源的活体保种和/或苗种生产。

853. 中华仙影海葵（*Cereus sinensis*）

俗名 沙蒜、海菊花。

（吴建平　提供）

分类地位　动物界（Animalia）、刺胞动物门（Cnidaria）、珊瑚虫纲（Anthozoa）、海葵目（Actiniaria）、绿海葵科（Sagartiidae）、仙影海葵属（*Cereus*）。

地位作用　中华仙影海葵是我国其他类潜在养殖种。主要用途为食用和药用。

养殖分布　中华仙影海葵主要在我国浙江等沿海地区养殖。

养殖模式　中华仙影海葵的养殖水体为海水，主要养殖模式包括池塘养殖等，主要为单养。

开发利用情况　中华仙影海葵为本土种，自然分布于我国黄海、渤海、东海和南海沿海，是我国开发的养殖种，已解决其人工苗种繁育技术。

854.海月水母（*Aurelia aurita*）

俗名 水水母、幽浮水母（中国台湾）。

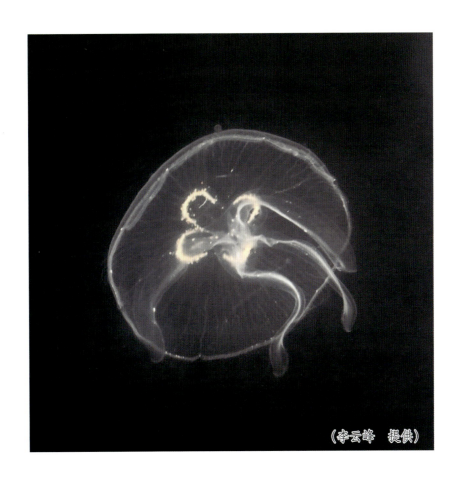

（李云峰 提供）

分类地位 动物界（Animalia）、刺胞动物门（Cnidaria）、钵水母纲（Scyphozoa）、旗口水母目（Semaeostomeae）、洋须水母科（Ulmaridae）、海月水母属（*Aurelia*）。

地位作用 海月水母是我国其他类观赏种。主要用途为观赏。

养殖分布 海月水母主要在我国广东等沿海地区养殖。

养殖模式 海月水母的养殖水体为海水，主要养殖模式包括工厂化养殖等，主要为单养。

开发利用情况 海月水母为本土种，是我国开发的养殖种。20世纪80年代解决了其人工苗种繁育技术。全国共普查到1个繁育主体开展该资源的活体保种和/或苗种生产。

855.巴布亚硝水母（*Mastigias papua*）

俗名 巴布亚。

（李云峰 提供）

分类地位 动物界（Animalia）、刺胞动物门（Cnidaria）、钵水母纲（Scyphozoa）、根口水母目（Rhizostomeae）、硝水母科（Mastigiidae）、硝水母属（*Mastigias*）。

地位作用 巴布亚硝水母是我国其他类观赏种。主要用途为观赏。

养殖分布 巴布亚硝水母主要在我国广东等沿海地区养殖。

养殖模式 巴布亚硝水母的养殖水体为海水，主要养殖模式包括工厂化养殖等，主要为单品种养殖。

开发利用情况 巴布亚硝水母为本土种，自然分布于我国的南海海域，是我国开发的养殖种。21世纪解决了其人工苗种繁育技术。全国共普查到1个繁育主体开展该资源的活体保种和/或苗种生产。

856.厦门文昌鱼（*Branchiostoma belcheri*）

俗名 蛞蝓鱼、鳄鱼虫、双尖鱼（国外）。

（周清 提供）

分类地位 动物界（Animalia）、脊索动物门（Chordata）、头索纲（Leptocardii）、文昌鱼目（Amphioxiformes）、文昌鱼科（Branchiostomidae）、文昌鱼属（*Branchiostoma*）。

地位作用 厦门文昌鱼是我国潜在养殖种，野外种群列入《国家重点保护野生动物名录》（二级），属于无脊椎动物与脊椎动物间的过渡物种，为研究脊椎动物进化的活化石。主要用途为保护、科研等。

养殖分布 厦门文昌鱼主要在我国福建等沿海地区养殖。

养殖模式 厦门文昌鱼的养殖水体为海水，主要养殖模式为实验室养殖。

开发利用情况 厦门文昌鱼为本土种，2004年解决了其人工苗种繁育技术。全国共普查到1个繁育主体开展该资源的活体保种和/或苗种生产。

857. 中国鲎（*Tachypleus tridentatus*）

俗名 中华鲎、三棘鲎、三刺鲎、夫妻鲎、钢盔鱼、海怪。

（翁朝红　提供）

分类地位　动物界（Animalia）、节肢动物门（Arthropoda）、肢口纲（Merostomata）、剑尾目（Xiphosura）、鲎科（Tachypleidae）、鲎属（*Tachypleus*）。

地位作用　中国鲎是我国珍稀保护种，列入《国家重点保护野生动物名录》（二级）。主要用途为保护。

养殖分布　中国鲎主要在我国东海、南海等沿海地区养殖，包括福建、广东、广西等。

养殖模式　中国鲎的养殖水体为海水，主要养殖模式为工厂化水泥池养殖。

开发利用情况　中国鲎为本土种，已初步解决其人工苗种繁育技术。全国共普查到5个繁育主体开展该资源的活体保种和/或苗种生产。